AROUND TRAVEL

AROUND
TRAVEL

외롭지 않은 순간들

평범한 여행의 기록

CONTENTS

PROLOGUE

여행이라고 하면 모두가 그곳에서의 상황을 기억해내지만, 나는 여행준비를 하던 모습이 가장 먼저 떠오른다. 여행을 가기 전, 여행노트를 한 권씩 만들어 가고 싶은 곳이나 꼭 가봐야 할 곳 등에 내 생각을 더해 여행 전 설렘을 가득 채워넣었다. 몸은 집에 있으면서 이미 여행지에 있는 사람인 것처럼 상상하곤 했다. 기대가 크면 실망만 남는다고 그랬던가? 여행에 관해서 만큼은 예외였다. 기대보다 훨씬 좋았던 기억만 남으니.

나에게 여행이란, 휴식이 아니었다. 많이 보기 위해 발바닥에 불이 나게 걸어다녔고, 예쁜 게 있다면 망설임 없이 사야 했고, 여러 종류의 카메라를 어깨에 주렁주렁 메고 다니며 정신없이 사진을 찍었다. 그러던 중 이런 여행도 있었다. 유럽에서 한 달이라는 긴 여정을 끝으로, 하이델베르크Heidelberg를 가게된 것이다. 문학계 거장들이 굵직한 작품활동을 한 도시인만큼 나 역시 조금 차분해졌고, 이내 그런 생각을 하게 되었다. "카메라를 내려놓고, 천천히 걸어가자." (카메라를 아예 내려놓진 못했고) 작은 카메라 한 대만을 챙겨 천천히 걷기 시작했다. 나의 여행은 하이델베르크를 기점으로 전과 후로 나뉜다. 더 많이 보고 싶어 열심히 걷고 정신없이 사진을 찍었던 여행과 놓치는 장면은 많지만 천천히 걸으며 한 곳에서 오래 머물렀던 여행. 어느 쪽이 더 좋다고 말할 순 없다. 지금은 여행지의 장소에 따라 태도를 달리하며 여행에 임하고 있다. 그러면서 나만의 여행법이 생기고, 좋은 기억이 더 많아졌다. 여기 《어라운드 트래블》에 나오는 이야기는 바로 자기만의 여행법을 아는 사람들이다. 그곳에서 만난 장면들과 사람들, 자신의 감정에 충실했던 지난날의 기억을 이야기한다. 어쩌면 우리도 한 번쯤 느꼈을 여행의 감정들이다.

《어라운드》 매거진 편집장
김이경

외롭지 않은 순간들,
스무 개의 평범한 여행의 기록

우연한
여행

생각해보면 계획한 그대로 진행되는 여행이란 없다. 길 위에는 늘 변수가 도사리고, 의외의 사건들이 숙명처럼 일어난다. 어떤 이들은 공들여 짠 계획이 어그러지는 상황에 분노하고, 다음 여행에서는 애초에 계획 따위는 짜지 않겠다고 다짐하기도 한다. 완벽하게 파악할 수 없고 통제 불가능한 여행의 본질이 불안을 수반하는 건 당연하다. 하지만 여행의 진짜 매력은 그런 의외의 상황을 만나는 데 있다. 감히 상상도 해보지 못한 이야기의 등장인물이 되는 것, 상황에 대처하면서 미처 몰랐던 '나'를 대면하는 것. 그 변화를 축적시키면서 어제와는 다른 삶을 만들어가는 것.

크로아티아의 섬 브락Island Brac에 대해 알게 된 건 보스니아Bosnia에 머무를 때였다. 숙소 주인 올리버Oliver 씨는 아드리아 해의 아름다움을 보고자 한다면 크로아티아의 도시 스플리트Split보다 그 인근의 섬에서 더 잘 느낄 수 있다고 했다. 브락의 해변은 크로아티아인들이 가장 아끼는 바다 중 하나라며 그곳을 체험할 기회를 어이없이 날려버리지 말라는 것이다. 하지만 유럽 남부에서 시작해 동부로 이어지는 긴 여행 중이었던 나는 현금이 바닥난 가난한 여행자였고, 그의 조언은 사치였다. 그런데 그 사치는 뜻밖의 우연으로 실현되었다. 스플리트 숙소의 호스트 오십Osib 덕분이었다. 처음 만났을 때 그는 지독한 감기

몸살에 시달리고 있었다. 누적된 피로와 스트레스 때문이라고 말했지만, 나는 그 통증이 9년간 사귄 여자친구와의 이별한 잔해라는 걸 알게 됐다. 다음 도시로 떠나기 전날 밤까지 증세가 나아지지 않은 그와 나란히 앉아 꿀물을 홀짝이며 대화를 나누었다. 나는 스플리트항의 기묘한 하얀색을 묘사하면서 브락 섬에 대한 풍문을 살짝 옮겼다. 그는 눈을 동그랗게 뜨며 내가 그 섬을 알고 있다는 사실을 놀라워했다. 알고 보니 그는 브락에서 나고 자란 토박이였다. 지금은 가족이 크로아티아 전역에 뿔뿔이 흩어져 살고 있지만 그의 생가와 가족 별장은 그대로 남아있다고 했다. 그는 이마를 짚어 미열을 확인하면서 신중하게 말했다.

"거기라면 날 낫게 해줄 것 같아. 함께 가지 않을래?"

다음 날, 나는 미리 사놓았던 자그레브Zagreb행 버스표를 환불했다. 현지 숙소의 호스트에게 도착이 미뤄진다는 전갈도 보내놓았다. 오십은 회사에 반차를 냈다. 뜨거운 햇볕이 사그라질 줄 모르는 오후 3시, 우리가 즉흥적으로 올라탄 배가 고동소리를 울리며 출항했다. 브락은 스플리트에서 30~40분이면 도착하는 근거리에 있었다. 사실 크로아티아 내 최고 휴양지를 급부상한 흐바르Island Hvar의 인기몰이 덕분에 바로 옆에 위치한 브락은 그에 못지 않은 아름다운 해변과 낭만을 그대로 누리면서 좀 더 여유롭게 즐길 수 있게 됐다.
우리는 2박 3일 동안 그의 청록색 자가용으로 섬을 누볐다. 도착하자마자 간 곳은 섬의 꼭대기, 해발 778미터의 산 정상이었다. 크로아티아의 섬 중에 가장 높은 고도를 자랑하는 브락의 암벽에 오르면 창연한 아드리아 해가 끝없이 펼쳐져 있다. 우리는 하늘과 바다가 만나는 수평선을 바라보았다. 그저 시

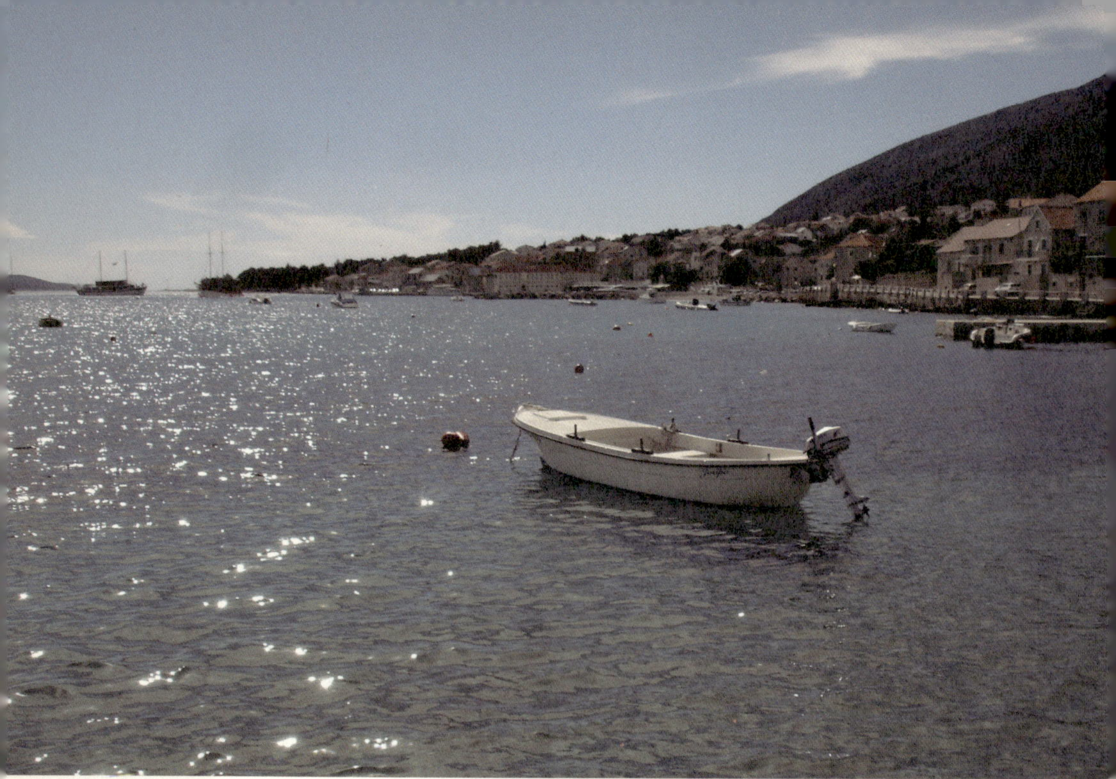

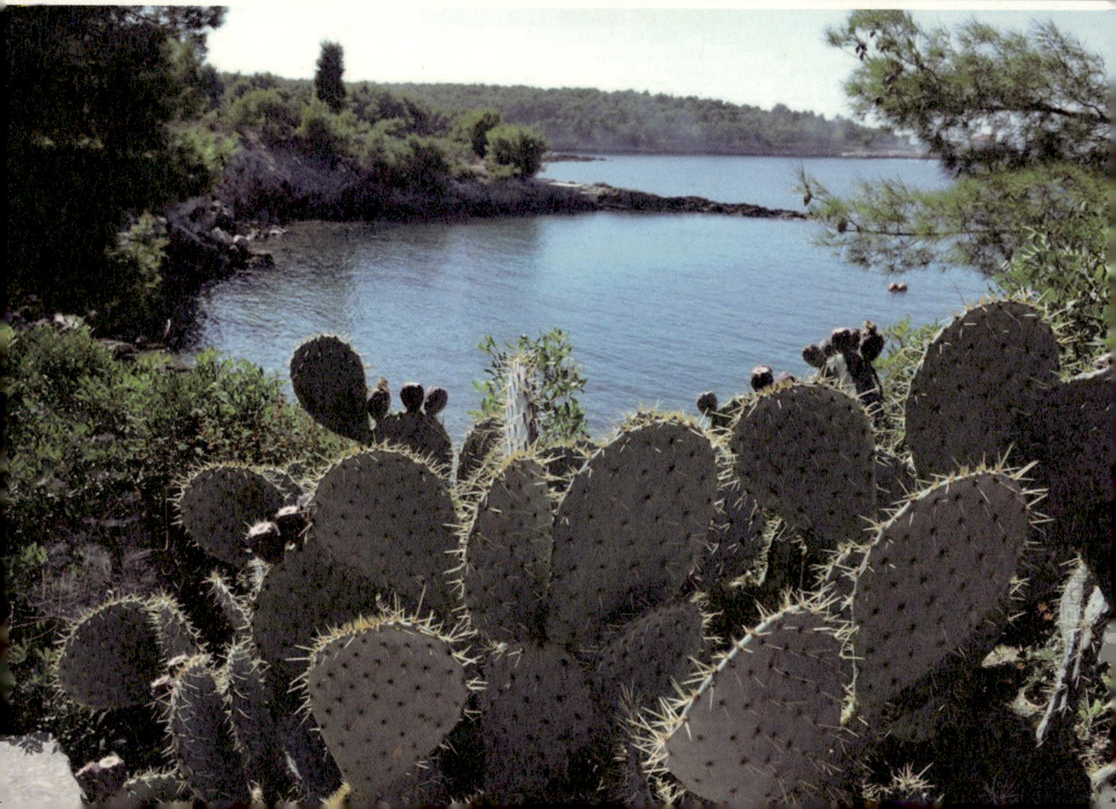

선을 두는 것만으로도 세상을 온통 고요함을 물들이는 순간이었다. 정상에서 내려오는 길, 그는 나를 커다란 저수지로 데려갔다. '뜬금없겠지만'이란 단서를 붙이면서. 입구는 커다란 자물쇠로 잠긴 철장으로 굳게 닫혀 있었는데, 오십은 그걸 훌쩍 뛰어넘고 내게 손을 내밀었다.

"자살인지 타살인지 모를 시체 하나를 발견한 다음에 만든 문이야. 이 정도면 재주껏 들어와서 놀다가 가란 뜻이지."

낚시를 좋아하는 아버지를 따라온 뒤로 그는 종종 이곳을 찾는다고 한다. 울창한 수풀 사이에 숨겨진 이곳의 비밀스러움과 평화가 좋다고 했다. 나는 수면이 고스란히 담아낸 하늘의 표정을 바라보았다. 저수지 주변을 빙빙 도는 그가 구름 사이로 나타났다 사라졌다 했다. 우리가 시간을 보내는 방법은 이런 식이었다. 나는 아무런 정보 없이, 그는 어떠한 계획도 없이. 그저 내키는 대로 핸들을 꺾었고, 직관적으로 지도 위의 지점들을 짚었다. 막다른 길목에서 차를 후진해야 할 때도 있었고, 이미 허물어져 흔적도 남지 않은 유적지의 터를 황망히 바라보아야 할 때도 있었다. 그러나 우리가 진정 누리고자 한 것은 자유, 그 넉넉한 바람이었다. 눈부신 해변에 누워 낮잠 한 조각을 청하고. 차가운 수온에도 아랑곳하지 않고 바다로 뛰어드는 뜨거운 사람들에게 박수를 보내는 일처럼. 브락은 석회암으로도 유명했다. 세계 최고의 품질을 인정받은 이 암석은 백악관 건축자재로 사용되기까지 했다고. 우리는 석회암 채석장을 돌고, 오래된 성당 벽면에 긴 이끼를 매만지며 괴상한 표정을 짓고, 노점상에서 떨이로 산 사과를 사이 좋게 베어 물며 노을이 지는 방파제를 걸었다.

그의 가족별장은 시내에서 벗어나 풀들이 허리춤까지 자란 장대밭을 한참 가
로질러 들어가서야 나왔다. 오랫동안 인적이 없었던 집 앞 마당은 잡초가 무
성했고 곳곳이 거미줄 투성이었다. 하지만 불을 켠 지 얼마 지나지 않아 빈 집
의 한기는 사라지고 온기가 집 안을 덥혔다. 정원의 돌계단을 내려가면 조그
마한 자갈해변이 나왔다. 그는 이 해변을 '개인 풀장'이라고 소개했다. 배고픈
우리는 유통기한이 남은 식재료들을 모아다가 볶음 요리를 했다. 대부분 벽장
구석에 처박힌 통조림 혹은 즉석식품이었다. 재료가 재료인지라 그럴듯한 요
리가 나올 리 만무했다. 그는 내가 만든 음식을 씹으며 치즈가 들어가도 실패

할 수 있는 요리가 있는지 몰랐다며 비난했고, 나는 그가 만든 파스타에서 콩만 골라먹으며 몸이 단백질만 원하고 있다며 둘러댔다. 하지만 굶어죽기보다 식중독으로 죽는 게 덜 비참할 거라는 농을 주고받을 수 있다는 점에서 우린 잘 맞는 짝꿍이었다. 꿀을 한 수저 탄 민트차를 나눠 마시는 사이, 밤은 이르게 도착했다. 창밖을 바라보던 그가 갑자기 벌떡 일어났다.

"이곳에서 꼭 해봐야 할 일이 있어!"

그는 양초에 불을 붙이고 정원으로 나섰다. 우리는 정원 구석에 놓인 벤치에 나란히 앉았다. 그는 나에게 준비됐느냐고 묻더니, 불을 껐다. "후-." 그의 입김과 동시에 세상의 마지막 빛은 사라졌고, 우리는 완전한 어둠 속에 남겨졌다. 실로 오랜만에 만나는 새카만 밤, 이내 우리의 풍경에 달빛이 서서히 스며들었다. 희미하게 나무의 실루엣이 떠오르고 검푸른 파도의 겉면이 드러났다.

"참 불행한 일이야, 인간의 시각이 변화에 빨리 적응하는 건. 조금 더 둔하다면 삶에서 경이로운 것들을 더 많이, 더 오래 볼 수 있을 텐데."

파도소리에 업히는 풀벌레 소리를 들으며 나는 고개를 끄덕였다. 우리는 한참을 거기에 앉아 있었다. 그의 말은 잠언처럼 내 안에 남았다. 나 역시 빠르게 변해가는 현실에 좀처럼 적응하지 못한다고 느끼던 참이었다. 늘 세상의 변두리에서 서성이다가 사람들의 속도에 맞춰 뛰기보다 미련 없이 떠나버리고 마는 것. 나는 도망치듯 여행을 감행해버리는 부적응자의 삶을 살아가고 있는 게 아닐까, 의심스러웠다. 그런데 어쩌면 조금은 더디고 둔감한 삶의 태도가 나의 역사를 더욱 풍요롭게 만들었다는 생각이 들었다. 일상에서 미처 발견하지 못한 주변의 경이로움을 우연히 맞닥뜨리는 체험, 그것이 여행이었다.

수페타르 페리
Supetar Ferry

들스플리트항에서 브락으로 가는 수페타르 페리의 운행 스케줄은 성수기와 비성수기에 따라 달라진다. 2014년 8월 기준(성수기)으로는 매일 약 1시간 간격으로 14번 운행한다. 소요시간은 50분이며, 이용요금은 1인 33쿠나, 한화로 약 6천원이다. 브락은 아직 상업화되지 않은 섬이라 고즈넉한 여유로움을 즐기기에 안성맞춤인 휴양지다. 그러나 섬 내 교통편이 열악한 편이므로 이곳저곳 돌아보고 싶다면 자동차 렌트는 필수다.

걷는
마음

3년 전, 사무침을 안겨준 한 장의 사진이 있었다. 프레임 한가운데 사람이 서 있고, 주변에는 갈대와 해바라기 그리고 끝이 보이지 않는 길이 있었다. 그때 부터인지 모른다. 산티아고가 내 마음속 어딘가에 단단히 뿌리를 내리고 꽃 피우길 기다리는 풀처럼 간절해진 것이. 무려 2년을 '가자, 가자!' 주문처럼 외고 다녔었다. 그렇게 간절했던 길을 비로소 걸었다. 배낭은 아주 무거웠다. 마음은 그보다 더 무거웠으며, 걸어야 할 길은 아득했다. 누군가 '버려야 할 것이 무엇인지를 아는 순간, 나무는 가장 아름답게 불탄다.'라고 했던가. 먼 길이 익숙해질 무렵에서야 나는 버려야 할 것이 무엇인지 알 수 있었다. 그때 그녀를 만났다. 처음엔 그저 가볍게 인사를 나누었다. 그리곤 제 갈 길을 묵묵히 걸었다. 그렇게 얼마나 지났을까, 다시 저 멀리 그녀가 보였다. 점심을 준비하고 있었다. 가방에서 빵을 꺼내 한 입 크게 덥석 베어 문 그녀. 양 갈래로 머리를 곱게 빗어 내린 외모와는 다르게 소탈한 모습이었다. 문득 그런 모습을 사진에 담고 싶었다. 그때부터 하루의 목표는 마을이 아닌, 그녀가 됐다. 일단 부드러운 미소로 "안녕!"을 외쳤다. 그 다음엔 내 이름을 이야기했다. "Hi, I'm J." 그녀가 웃었다. 시작이 좋았다. 이후부터는 쭉 칭찬을 했다. 연신 엄지손가락을 내밀고, 웃었고, 여자 혼자 걷고 있는 게 정말 멋지다는 표정을 지었다. 그리고 질문을 했다. "어디서 오셨어요?" 그녀의 이름은 마르긴, 프랑스에서 온 여행자. 그렇게 우리는 친구가 됐다. 나는 카메라를 보여주고, 당신을 담고 싶다는 본심을 털어놨다. 이런 말을 건넬 때 유창한 영어보다 효과적인 것은 귀엽게 '찰칵찰칵' 사진 찍는 시늉을 하는 것이다. 마르긴이 웃으며 고개를 끄덕거렸다. 카메라를 싫어하지 않아서 다행이었다. 눈이 아닌 카메라를 통해 그녀를 바라봤다. 초점을 맞추는 손이 떨릴까봐 크게 심호흡을 했다. 흐릿했던 그녀의 미소가 선명해지는 순간, 셔터를 눌렀다. 그리고 한 번 더 필름을 감았다. 필름카메라를 바라보는 그녀의 눈이 예사롭지 않았다. 심지어는 더 적극적이었다. 그곳에서부터 우리는 함께 걸었다. 영어를 못하는 나를 위해 하나하나 설명해주는 그녀의 손짓이 음표를 그리듯 부드러웠다. 그때 어디선가 하모니카 소리가 들려왔다. 처음에는 그녀가 마법을 부리는 줄 알았다. 서둘러 하모니카의 근원지를 찾아 발걸음을 옮겼다. 하모니카를 연주하는 남자와 행복한 미소를 머금고 있는 여자가 있었다. 그들은 독일에서 왔으며 부부가 함께 이 길을 걷고 있다고 했다. 부러웠다. 이번엔 저절로 엄지손가락을 치켜세웠다. 하모니카 연주가 끝나자 남자는 아내를 위해 만든 물건이라며 오카리나도 꺼냈다. 그가 연주를 하는 이유는 간단했다. 아내가 외로워하지 않도록 계속 음악을 들려준다는 것이었다. 낯선 사람들이 모여 함께 곡을 연주하고 듣는 즐거움을 어떻게 말로 할 수 있을까? 어떤 단어도 그때의 감정을 표현하기엔 턱없이 부족했다. 하지만 굳이 표현하지 않아도 충분히 마음이 통하는 묘한 시간이 우리들 사이에 있었다. 음악이 이끄는 가운데 우리는 다시 각자의 길을 걸었다. 독일 부부는 가장 가까운 마을에서 배낭을 벗었고, 나와 마르긴은 다음 마을까지 갔다. 늘 그렇지만 작별의 시간은 쉽지 않았다. 하지만 누구도 마지막이라 생각하지 않았다. 산티아고 길에서는 매일이 새로운 시작이고, 희망찬 아침이었으니까. "부엔 카미노Buen Camino." 우리는 서로에게 가장 힘이 되는 말을 나눠 갖는 것으로 이별을 대신했다.

드디어 숙소에 도착했다. 침대를 배정받은 후, 곧바로 샤워를 했다. 천국이 있다면 이곳이 아닐까 생각하며 뜨거운 물에 몸을 적셨다. 그리고는 빨래를 했다. 손빨래를 하는 시간은 하루 8시간을 걷는 것만큼 고되다. 그래도 가장 낭만적인 오후에 음악을 틀어 놓고 양말을 깨끗이 만드는 일은 나름 뿌듯한 작업이었다. 빨래를 탈탈 털 때 사방으로 퍼지는 무지갯빛 물방울들이 제법 능숙한 솜씨로 피로를 풀어주었다. 이 모든 게 마무리 되면 마을 탐방을 나섰다. 가벼웠다, 정말 가벼웠다. 어깨를 짓누르는 가방에 없으니 조금만 뛰면 하늘 근처쯤은 닿지 않을까 싶었다. 조금씩 천천히 오래 걷는 연습을 하며 가장 맘에 드는 나무를 찾아 그 아래에 주저앉았다. 이어폰의 음량을 높이고 불어오는 바람의 리듬을 느꼈다. 행복했다. 그때 음악 너머로 아이들의 웃음소리가 들려왔다. 살며시 눈을 뜨고 웃음소리가 들려오는 곳으로 이끌려 갔다.

아이들의 미소는 사랑, 그 자체다. 아이들이 먼저 말을 걸어왔다. 천사 같은 이들과 친해지는 방법은 참으로 간단하다. 함께 놀아주거나, 사진을 찍고 그 사진을 보여주면 된다. 경계심 따위는 없는 모습이다. 그렇게 천사의 날개를 달고 아이들은 땅 위에 머물고 있었다. 어느새 돌아가야 할 시간. 나도 모르게 가슴이 먹먹해졌다. '난 너희와 8천 킬로미터 떨어져 있는 나라에서 11시간 동

안 비행기를 타고 날아왔어.' 생각해보니 길 위에서 보낸 한 달 중 아이들과 함께한 건 고작 1시간 남짓이었다. 그런데도 서로 헤어지기 싫어 아쉬워했다. 당신은, 몇 년을 같이한 당신은. 그저 미안하다는 지극히 현실적인 문자 한 통으로 모든 것을 마무리 했는데 말이다. 아직은 나를 생각해 주는 사람이 있다는 사실이 고마웠다. 그게 먼 나라에서 만난 천사들이라는 사실에 눈물이 났다. 그렇지만 나는 이들 앞에서 함부로 눈물을 흘릴 수 없는 나약한 어른이었다. 울고 싶을 때 울고, 웃고 싶을 때 웃으며 사는 것이 이리 힘들 줄 몰랐다. 다시 못 만날 테지만 나는 아이들에게 '내일 만나자'는 말로 인사를 대신했다. 모두가 떠난 빈자리를 노을이 채워 주었다. 나와 아이들을 위해 눈시울을 붉히고 있었다. 그를 뒤로하고 왔던 길을 되돌아갔다. 이미 익숙해진 풍경에 눈

인사를 하다 보니 이윽고 숙소에 도착했다. 자리를 비운 사이, 많은 사람이 다녀갔나 보다. 그리고 바람도 함께였던 것 같다. 양말은 두 걸음 정도 되는 위치에 엎드려 있고, 속옷은 두 뼘 정도 되는 아래에 떨어져 다른 옷들과 함께 있다. 주섬주섬 옷가지를 집어 들고 침대로 향했다. 대지의 볕을 가득 머금은 옷 냄새에 기분이 좋았다. 잘 개어 놓은 옷과 수건만큼 반듯하고 뿌듯한 게 또 있을까. 정리를 해놓고 침대에 누워 기지개를 쭉 폈다. 처음엔 낯설었던 천장도 편안하게 다가왔다. 내일이면 또 다른 천장을 바라보겠지만. 창문 틈으로 햇살이 스며들고 있었다. 그대로 잠들고 싶었지만, 오늘과 작별하고 내일과 만나기 위해서 준비가 필요했다. 다시 일어나 개어 놓은 옷을 가방에 넣고, 입어야 할 옷은 꺼내 놓았다. 새벽에 꼭 먹어야 할 커피의 원두를 확인하고, 남

아 있는 필름을 확인하는 것도 잊지 않았다. 필름은 보고 있는 것만으로도 나를 길 위에 데려다 놓는 마법 같은 존재였다.

정리되어갈 무렵, 사람들이 들어와 각자의 침대로 향했다. 두 다리 쭉 뻗고 기지개 켜는 사람들, 조금 전 내가 느낀 행복이 짙게 밴 표정이었다. 옅은 미소, 어김없이 그 미소가 좋았다. 나도 침대로 향했다. 잔잔한 지평선처럼, 우린 모두가 같은 선상 위에 함께 공존하고 있었다. 하루하루 다른 천장을 바라보며 익숙한 허전함 속에서 시간을 확인하고, 덮고 있는 침낭의 유혹을 간신히 이겨내야 했다. 세상에서 가장 조용한 바람이 되어야지, 작은 소리도 들리지 않도록. 그리고 아무도 없는 거리로 나가 몸속 가득 차가운 새벽공기를 채워야겠다. 묘한 냄새가 풍겨 오는, 어떤 향수보다 진한, 사람 냄새로 가득한 그것은 바로 삶, 그 자체였다. 내일이면 모든 게 새롭겠지. 어김없이 시간은 흐르고 흔들림 없이 나를 스쳐가겠지.

길에서 만난 사람들이 내게 보낸 미소를 기억한다. 산티아고에서 돌아온 후에도 마치 그 미소에 화답이라도 하듯 계속 길을 걸었다. 반드시 찾아내야 할 것이 있었고, 고작 몇 번의 여행으로 찾을 수 있으리란 기대는 애초에 하지 않았다. 지금 내가 잘하고 있는 게 맞는지, 무엇을 하고 있는 건지 의심이 들 때면, 한없이 초라하고 불안해지기도 했다. 하지만 이제 조금은 알 것 같다. 내가 무얼 찾아 헤매는지. 이를테면 천천히 나만의 속도로 걷고 싶은 마음 같은 거다. 소소한 것에 감사할 수 있는 따뜻한 마음, 추억을 공유할 수 있어서 고마웠다는 말을 건넬 수 있는 마음, 지금 이 순간이 가장 중요하다는 마음 말이다.

산티아고 가는 길

www.voyages-sncf.com

산티아고 길을 걷기 위해 파리Paris에서 바욘Bayonne까지 가는 유레일을 이용한 뒤 생장Saint Jean pied de port으로 가는 비스를 타고 목적지까지 이동했다. 유레일 티켓은 3개월 전부터 예약이 가능하다. 오픈 직후 가격은 25유로이지만 시간이 지날수록 가격이 오르기 때문에 미리 알아보는 것이 좋다. 현장 구매 시에는 약 100유로가 넘는 가격을 지불해야 할 수도 있다. 생장에서부터는 도보로 갈 것을 추천한다. 걷는다는 게 얼마나 마음 편한 일인지 알게 될 것이다. 길 위에서 필요한 건 약간의 애절함, 그것 하나면 충분하다.

TAIWAN · JUST AROUND MY CORNER

신혼여행은
도미토리에 누워

어째서일까, 겨우 두 시간 남짓 날아왔을 뿐인데 이토록 낯선 풍경이 펼쳐지는 건. 공항을 나서는 순간 밀려드는 습기는 전혀 문제가 되지 않았다. 이제부터 말도 통하지 않는 타지에서 미아처럼 헤매야 한다는 사실도 개의치 않는 상쾌한 기분. 여행자들에게서 나타나는 첫 번째 징후가 달뜬 마음이라면, 두번째 징후는 바로 분주한 시선이다. 대만은 건물과 거리, 간판 그 모든 게 잘 재단된 하나의 디자인 제품처럼 보였다. 고층건물 사이로 켜켜이 포개진 고가도로와 강물처럼 유유히 흐르는 오토바이가 직선과 곡선을 이루는 모습, 그 조화가 무척 마음에 들었다. 서울에서 대만으로 날아온 항로는 거침없는 직선, 다시 돌아갈 곳이 있는 여행자의 믿는 구석은 커다란 궤를 그리는 곡선. 첫 발걸음을 뗀 순간부터 언젠가 다시 대만을 찾을 거라는 확신과 함께 유려한 직선과 곡선이 만나는 지점에 서 있었다. 곁에 있던 동행자에게도 서서히 징후가 나타났다. 시선이 멈추는 곳마다 카메라 셔터 소리가 경쾌하게 울려 퍼졌다. 그는 연인이라는 이름으로 2년 6개월을 함께 보낸 전 남자친구였는데, 대만에 도착했을 땐 우리는 이미 3일 차 부부가 되었다. 그렇다, 우리의 신혼여행이었다.

결혼 준비할 때 가장 많이 들었던 질문이었다. "신혼여행은 어디로 가?" 신이 나서 여행 계획을 풀어놓는 우리에게 돌아온 반응은 한결같았다. "몰디브도, 발리도, 푸켓도 아닌 대만이라니, 같은 섬이라지만 지구의 대표 휴양지와 대만은 거리가 멀잖니." "리조트도, 호텔도 아닌 도미토리라고? 신혼여행이 아니면 언제 시설 좋은 곳에서 느긋하게 쉬어보겠어." 우리도 연애 시절, 신혼여행으로 산티아고 순례길을 걷는 모습을 꿈꾸며 연습 삼아 관악산 둘레길 트래킹에 나선 적이 있는가 하면, 한 달 정도 배낭을 메고 유럽 곳곳을 떠도는 모습을 상상하기도 했었다. 그러나 결혼과 동시에 사업상 파트너가 되어 새로운 일을 준비하고 있던 우리에게 시간은 늘 부족하기만 했고, 주위에서 추천하는 신혼여행 코스를 그대로 답습하기에는 아쉬움이 컸다. 그러던 어느 날, 생각지도 못했던 '그'에게서 연락이 왔다.

때는 바야흐로 2006년, 독립영화제에서 일할 무렵이었다. 당시 사무실에는 아시아 감독들이 자주 들렀었다. 우리나라의 초대를 받아 한국에서 영화 한 편을 완성하는 프로그램에 참여하는 이들이었고, 그중 한 명이 대만에서 온 데

이면Damon이었다. 프로그램을 마치고 고국으로 돌아간 데이먼과 다시 만나게 된 건 2013년. 그 사이 그와 내게도 많은 변화가 있었다. 7년이라는 시간을 거슬러 다시 마주한 그와의 자리에는 어느새 둘이 아닌 넷이 모여 있었다. 데이먼은 한국인 아내를 맞았고, 그가 사랑해 마지않는 섬 평후Pénghú에 호스텔을 차렸다. 지나간 세월을 추억하고 다가올 미래를 노래하며 미소가 번졌다. 데이먼과 그의 아내 크리스틴은 신혼여행지 선택에 골몰하던 우리에게 반가운 제안을 했다. "대만으로 오세요!"

인생에도 지도가 있다면 7년 전, 그 지도 어딘가에 세운 이정표가 인연이 되어 오늘로 안내했으리라. 인연은 전혀 다른 도시에서 다른 삶을 살았던 네 사람을 한자리에 모이게 하는 힘을 지녔다. 데이먼과 보냈던 짧은 여름, 그저 하루하루 살아낸 것뿐인데 스쳐 지나간 순간이 차곡차곡 쌓여, 마치 지도 위에 흩뿌려진 수많은 나라와 나라 사이를 연결하듯 하나로 이어졌다. 우리는 그들이 건넨 초대장을 기꺼이 손에 쥐었다.

팍팍한 서울살이가 힘들 때, 일주일의 피곤을 털고 침대에 누워 누군가의 여행기록을 뒤적이다 '지금 제주는 어떨까' 하고 생각한 적이 있다. 그러다 제주로 내려가는 이들이 늘어나고 있다는 기사를 볼 때면, 나와 같이 피곤한 밤을 맞았을 그들을 조용히 떠올려보곤 했다. 우리에게 제주가 있다면 대만 사람에게는 평후가 있다. 서울보다 집값이 비싼 대만에서 바쁜 일상에 쫓기던 데이먼에게도, 평후는 생각만으로도 좋은 섬이었다. 평후에 가면 마음의 평화를 찾아 삶이 한결 반갑게 느껴졌다고. 결국 그는 첫눈에 반했던 그 작은 섬에 뿌리 내리기로 결심하고 실천에 옮겼다. 그 후로 데이먼의 밤은 어땠을까!

평후에 두 발을 딛자마자 섬사람 데이먼의 마음을 느낄 수 있었다. 옷깃을 흐트러뜨리는 바람 소리, 대만 사람들 특유의 기분 좋은 억양, 천천히 달리는 오

토바이 엔진 소리가 어우러지는 곳. 평후의 소리는 소음을 배척했다. 그저 높고 낮은 소리들이 평화로움을 연주할 뿐. 데이먼은 호스텔 투숙객 픽업용 차를 몰고 와 능숙하게 우리를 맞이했다. 차 안에는 1990년대 한국 가요가 울려 퍼지고 있었다. 한국과 대만을 오가며 장거리 연애를 하던 당시 크리스틴이 데이먼에게 보내준 노래들이란다. 그의 유별난 선곡은 오랜만에 만난 친구에 대한 배려임을 알고 있었다. 서툰 한국어 발음에 독특한 흥을 섞어 따라 부르는 데이먼의 노랫소리가 이 평화로운 섬과 어찌나 잘 어울리던지. 두 사람을 닮은 편안한 호스텔에 짐을 풀고, 일일 가이드를 자처하는 그들을 따라 나섰다. 데이먼 부부는 여행책자에 등장하지 않을 현지 음식점, 지도에 나와 있지 않은 비밀스러운 아지트로 우리를 이끌었다. 이름 모를 사찰에 들러 한국에서 온 신혼부부의 행복을 빌어주던 뒷모습, 대만의 토속 점을 풀이해주던 경쾌한 말투, 두 사람 사이에 대화가 필요할 때 찾는다는 작은 찻집을 공유하는 배려

까지. 평후에서 만들어온 그들의 꿈 같은 일상에 끼어든 우리는 오래오래 흐
뭇했다.

이튿날, 소란스럽지는 않지만 밝게 살아가는 평후 사람들의 일상을 보고 싶
어 무작정 길을 나섰다. 지도는 진작부터 배낭 주머니에 찔러 넣어두었다. 고
요한 섬은 따뜻했다. 마음껏 길을 잃어도 불안하지 않고, 발길이 이끄는 대로
헤매도 넉넉한 기분이 드는. 정서적인 고요함은 마음의 평정을 이끌어낸다. 그
렇게 주의를 살피면 매일 보는 것들조차 다르게 보인다. 설레는 걸음으로 내
가 지금 서 있는 곳의 맨 얼굴을 자세히 들여다볼 수 있다. 대만에서 보낸 시
간들 중 유독 평후에서 보낸 순간이 가장 또렷하게 기억에 남는 것도 같은 이
유일 것이다. 우리는 전기 스쿠터를 빌려 지도에 나와 있지 않은 마을 곳곳을
누볐다. 맛있는 음식을 하나라도 더 입에 넣어주려는 엄마 같은 주인 아주머
니가 있는 식당에서 든든하게 배를 채우고, 동네 한 바퀴를 도는 짓궂은 꼬마

들처럼 돌아다녔다. 그런데 전기 스쿠터의 배터리가 바닥이 났는지 서서히 멈춰버리는 게 아닌가. 우리는 스쿠터를 끌고 근처 편의점에 도움을 청했다. 편의점에서 일하고 있는 청년은 영어를 구사할 수 있는 지인에게 전화해 우리가 난처해하는 이유를 알아내려고 애썼다. 어떻게든 도와주려 했지만 그도 스쿠터의 문제는 해결할 수 없었고, 별 소득 없이 돌아서는 우리 뒷모습을 물끄러미 바라볼 수밖에 없었다. 얼마나 갔을까, 갑자기 도로에서 승합차 한대가 우리 옆으로 멈춰 섰다. 그들은 스쿠터 배터리를 교환하러 왔다며 충전된 새 배터리로 바꿔주고 유유히 떠나갔다. 아마 편의점의 청년이 배터리 회사에 연락을 했던 모양이다. 화사한 미소와 선한 눈빛으로 낯선 여행자의 말을 경청하던 그들의 말간 얼굴을 잊을 수 없을 거라고 직감했다. 우리는 스쿠터를 타고 야트막한 동산에 올라가 직은 항구의 야경을 지켜보기로 했다. 버려진 대만 전통 가옥이 즐비한 동네에 멈춰 타국의 선조를 떠올렸다. 어쩌면 평후 사람들은 옛 것을 부수는 대신 반쪽이라도 간직하며 역사를 곁에 두고 싶었는지도 모르겠다. 그리고는 방파제에서 낚싯대를 드리우는 어촌 사람들 사이로 한동안 수평선 너머를 바라봤다. 한강 이쪽에 서서 한강 저쪽에는 무슨 일이 벌어지는지 궁금해하는 것처럼.

평후의 마지막 밤, 호스텔 지척에서 일렁이는 바다를 그리며 침대에 누웠다. 둘이 누우면 어깨가 겹치는 좁은 공간에서 각자 한 침대씩 차지하고 누워야 하는 도미토리는 신혼여행에 적합하지 않다고 말하던 사람들을 떠올렸다. 하지만 우리는 손만 뻗으면 앞으로 오랜 시간을 함께할 서로의 체온이 닿았다. 딱 이만큼의 거리, 어쩌면 우리가 평생을 살면서 자기 자신을 유지하려 애쓰며 지켜낼 거리가 아닐는지. 두 개의 이층침대와 여덟 개의 캐비닛이 반겨주는 호스텔 방을 둘러보며 앞으로 살아갈 인생도 이정도 무게면 어떨까 생각했

다. 필요 이상 소유하지 않고 소박하게 산다면 이곳의 고요한 삶과 맞닿지 않을까? 아마도 도미토리의 좁은 침대가 아니면 쉽게 꺼내지 못했을 용기다. 여기는 대만의 섬 평후, 잊지 못할 신혼여행지. 손가락 끝에서 팔꿈치만큼 떨어진 침대에 나란히 누워 덜어내고 비워내며 살아갈 우리를 그려본다. 귓가에 멀어졌다 이내 달려오는 파도 소리가 들린다.

대만의 지하철
MRT

대만의 지하철 MRT은 엄격한 통제 하에 운영된다. 특히 열차 내 음식물 섭취는 금지되어 있으며, 물을 비롯한 음료조차 허용되지 않으니 여행 중 벌금을 내는 경험만큼은 피하도록 하자. 대만은 길거리 음식의 천국이다. 대체로 달며, 차 문화가 발달해 음식점에서 물을 제공하는 서비스는 드물다. 밤 9시가 되면 대부분의 식당이 문을 닫으므로 야식을 챙기는 것이 좋다.

베이하우스
BAY HOUSE

www.bayhouse.tw

대만의 제주라 불리는 섬 평후에 묵고 싶다면 베이하우스를 추천한다. 유쾌한 에너지로 가득한 대만인 남자 데이먼과 한국인 여자 크리스틴이 운영하는 호스텔이다. 섬 전체에 깃든 아늑하고 포근한 분위기는 색다른 대만 여행의 정취를 더하고, 호스텔 주인 부부의 경쾌함은 피로를 잊게 해준다.

잊혀진 것들과
계속 기억나는 것

2011년 10월에 나는 처음 한국을 벗어나는 비행기에 올랐다. 그렇게 큰 배낭을 메 본 것도, 신발 하나면 열흘 동안 신었던 것도 처음이었다. 외적인 변화 외에 정신적으로 느꼈던 낯섦도 기억한다. 낡은 침대에 눕자 내가 평생 있었던 곳의 풍경이 구체적으로 떠올랐고, 그때 내 곁에 있던 사람들이 무작정 그립기도 했다. 같이 밥을 먹고, 함께 얘기를 나누고 싶었다. 그저 손으로 이깨를 만져 보고 싶기도 했다. 단지 며칠간 거리가 멀어진 것뿐이었는데, 돌아갈 일 정도 정해져 있었는데, 이상한 일이었다. 처음 한 외국여행이라 그랬겠지, 하고 나는 그런 감정을 대충 넘겨 버렸던 것 같다. 어쨌든 내게는 그런 어색함이 있었다. 그게 두려움이었다면, 그 뒤로 나는 여행을 자주 다니지 않았을 것이다. 그런데 네팔에서 한국으로 돌아간 후 한달 뒤, 나는 프랑스로 혼자 떠났다. '당장 돈이 더 있다면 어디론가 다시 떠났을 텐데…' 열흘 동안의 프랑스 여행을 끝내고 한국으로 향하는 비행기 안에서 나는 그런 생각을 하고 있었다. 언어도 미숙했고 특별히 타국의 문화를 동경하지도 않던 나였다. 단지 어딘가로 떠나는 일이, 떠나는 길에서 느꼈던 허전함이 어쩐지 내 옆에 있던 사람들에게 다가서는 일, 내가 늘 보던 풍경을 응시하는 일처럼 느껴졌다. 부재가 오히려 존재로 느껴지던 이상한 시기였다. 그때에는 여행이 내게 참 좋은 일이었다.

처음으로 발 디딘 '먼 곳'은 네팔이었다. 고산지대에 있던 마을 랑탕LangTang과 그 주변 다른 마을들을 잇는 길을 '랑탕 트레일'이라고 불렀는데, 나는 일주일 동안 그 길을 걸었다. 한국인을 마주치기 힘든 곳이었지만, 친구가 셋이나 있었다. 3년 전의 여행이고 열흘 중 일곱 날을 걷기만 해서 그런지 기억에 남는 일이 그다지 많지는 않다. 아니 많긴 하지만 자세히 설명할 수 있을 만한 일이 없다고 해야 맞다. 그런데 이 와중에 어떤 일은 너무 또렷해서 가끔 머리가 아플 정도다. 지명이나 묵었던 숙소의 이름, 음식가격 같은 건 잘 기억나지 않고, 혼자 걸으며 생각했던 것, 멍하니 바라봤던 것, 취해서 한 얘기들, 그리고 많은 시간이 지난 오늘의 허전함만 또렷하게 남아 있다.

카트만두Kathmandu 공항에 내린 우리에게 네팔 사람들은 거칠게 달려 들었다. 짐을 들어주겠다고 뺏어가고 무작정 돈을 달라고 난리였다. 당황한 우리를 차에 태워주겠다며 나선 이도 있었지만, 인상만 봐서는 그가 가장 잔혹해 보였다. 그래서 우리가 숙소까지 가기 위해 선택한 방법은 무리 속에서 가장 착하게 생긴 사람을 고르고 앞으로 일어날 일들을 그저 지켜보는 것이었다. '탈탈탈' 소리가 나는 승합차를 타고 지나는 길에는 가로등이 여러 개 켜 있었는데, 나는 그곳이 계속 어둡다고 생각했다. 길을 밝히려는 목적은 아예 없는, 분위기를 무겁게 하려고 켜놓은 무대 장치 같았다. 불빛 속에 어둠이 조금 섞여 있다고 해야 하나, 그 아래에서는 옆에 있던 친구들 얼굴도 꽤 낯설게 느껴졌다. 한국에 돌아온 뒤에도 좀처럼 잊히지 않는 이상한 불빛이었다.

숙소에 도착해서 넓은 창과 허름한 침대가 있는 방을 안내 받았다. 평소에 잠자리를 잘 가리지 않던 나는 이 정도면 됐다고 생각했다. 두꺼운 커튼을 확인

하고 나니 편안한 기분까지 찾아왔다. 왜 이런 것들이 또렷이 기억날까. 아무튼 한국과 네팔 간의 긴 비행, 나중에는 하루에 일곱 시간씩 걸으며 쌓여가던 피로가 여행 내내 침대 앞에서의 투정을 사치로 만들었다. 그때 찍어왔던 첫날 숙소 사진은 지금 다시 꺼내봐도 편안한 기분을 느끼게 해준다. 깊이 생각해 보고 말하라고 하면 좀 다르겠지만, 네팔은 내게 더러운 침대와 붉은 조명의 나라다. 싫다는 얘기는 결코 아니다. 물론 처음 몇 번은 힘든 일이긴 했지만, 그때의 나는 며칠 만에 평소와 좀 다른 사람이 되어 있었다. 빠르게 적응해서 나중에는 칙칙하고 붉은 조명이 있던 샤워장에 들어가 이병우의 연주곡을 틀어 놓고 집에서보다 오래, 행복하게 샤워를 했다. 물기를 대충 닦고서 더러운 침대로 들어가 잠을 쿨쿨 잤다. 그때의 나를 떠올리는 일이 즐겁다. 그때

생각에 잠겨 있다가 정신을 차리면 지금의 내 모습이 왠지 더 좋아진다.

여행에서 많은 사람들을 만났다. 많은 얘기를 나눠보지 못했지만, 그중 몇 명은 가끔 얼굴이 갑자기 떠오르기도 하고, '다시 만날 수 있을까.' 하는 싱거운 기대를 갖게 한다. 트레킹 내내 우리와 동행했던 두 명의 포터Porter(짐을 대신 들어주는 사람)는 정말 좋은 사람들이었다. 한 명은 고등학생이었고, 다른 한 명은 쉰 살 정도의 어른이었다. 누군가 내 짐을 들어준다는 게 어색해서 어떻게든 우리가 해결해 보자는 의견도 있었는데, 산 중턱에 올랐을 때 깨달았다. 그들이 없었다면 우리는 도중에 하산해서 네팔식 물리치료 같은 걸 받아야 했을 것이다. 그들의 역할에 감동하며, 한편으로는 여전히 불편한 마음을 가지며, 우리는 함께 긴 길을 걸었다. 현지인의 생활을 존중하는 의미에서 너무 많은 돈을 주지 말라는 다른 여행객들의 말에도 일리가 있었지만, 왠지 그런 말을 들으면 가슴이 울렁거렸다. 우리 일행 중 두 명은 그들과 헤어지며 울었고, 그들은 우리를 떠나며 밝게 웃어 보였다.

랑탕 트레일을 걷는 동안 보통 두 시간에 한 번씩 마을이 등장한다. 그곳에서 여행객들은 숙식을 해결하고 휴식을 취하며 안락한 시간을 보낸다. 따듯한 음식이 있었고, 아래보다 점점 친절해지는 사람들이 있었다. 별도 많았다. 나는 마을의 아이들과 자주 어울렸다. 아무 거리낌없이 다가왔기 때문에 내 의지가 특별히 중요하진 않았다. 그들은 아무것도 없는 들판을 뛰어 다니고, 우리에게 갑자기 손을 내밀고, 돈을 주지 않으면 화를 내기도 했다. 닭에 쫓기는 내 모습을 보며 5분 동안 꾸준히 조롱하던 녀석도 있었다. 내가 건넨 카메라로 사진 찍는 시늉을 하는 아이도 있었는데, 돌아와 필름을 현상해 보니 그때 찍힌 듯한 사진이 있었다. "좀 더 올려야 우리가 찍히지!" 엉뚱한 곳에 렌즈를 향하고 있던 그 아이에게 나는 답답하다는 듯 윽박을 질렀는데, 현상된 필름에는 그 동네 꼬마 아이들 모습이 담겨 있었다. 핀이 잘 안 맞긴 했지만, 저 멀리 있는 친구까지 네모난 프레임 안에 넣으려고 노력한 흔적이 있었다. '이 사진을 보내줄 수 있다면 좋을 텐데…' 그 아이가 찍은 사진과 뿌옇게 찍힌 사진 속 아이들을 보고 있으면, 네팔에서 만난 아이들 모두의 얼굴이 떠오른다. 유럽인들도 꽤나 많이 마주쳤다. 처음 외국에 나와본데다가 고산을 오른다고 잔뜩 겁을 먹은 나는 신발부터 배낭까지 너무 커다란 걸 골랐는데, 유럽인들은 하나같이 간소한 차림이었다. 어떤 금발의 청년에게는 등산화를 가방에 매달고 슬리퍼를 신고 걷는 여유까지 있었다. 나는 네팔에서 그렇게 하면 죽는 줄 알았는데, 그 금발 청년은 우리에게 밝게 인사했다. 손을 흔들긴 했지만, 내가 얼마나 답답한 사람처럼 느껴졌는지 모른다.

도시의 불빛에서 멀어지며 나는 햇빛 구경을 실컷 했다. 가끔 무척이나 눈부
시게 내린 적도 있는데, 그때마다 나는 시규어 로스Sigur Ros의 음악을 틀고 평
소보다 천천히 걸었다. 랑탕 트레일은 만년설이 녹은 물이 흐르는 계곡과 곳
곳에서 길이 겹친다. 차를 파는 롯지Lodge(오두막으로 된 숙소)가 등장하는 곳도
바로 그런 곳이다. 사람들이 배낭을 일렬로 세워두고 홍차와 차이를 마시는
곳. 'Tea'라는 글자 앞에서 얼마나 자주 멈춰 섰는지 모른다. 걸음이 빠른 나는
친구들보다 앞서 걷다가 틈틈이 차를 마셨고, 저 멀리 친구들 모습이 보이면
다시 길을 나서곤 했다. 처음에는 함께 걸으며 얘기도 하고 그랬는데, 혼자 걷
는 것도 나쁘지 않았다. 함께 여행하더라도 혼자의 시간을 보내는 건 중요한
일이다. 물론 일정과 상황이 허락할 때 얘기지만.

우리가 많은 시간을 같이 보내는 건 하루치의 트레킹이 끝나고 난 저녁 시간
이었다. 비슷한 모습의 마을들이라도 잘 들여다 보면 특색이란 게 있었는데,
우리의 여정의 마지막 마을이었던 캰진Kyanjin은 3천 미터가 넘는 고지였음에
도 어쩐지 내게 가장 따뜻하게 느껴지던 곳이었다. 직접 만든 야크치즈를 파
는 가게에서 치즈를 사 숙소의 여행객들과 함께 구워 먹었고, 모카포트 커피
를 파는 카페에서는 커피와 빵을 사먹었다. 이제 내려갈 일만 남아서 그랬는
지, 우리는 캰진에서 꽤나 편안한 표정을 하고 있었던 것 같다.

트레킹을 마치고 다시 카트만두에 돌아와서 우리는 이틀을 보냈다. 시내 구경
도 실컷 하고 도시에 있는 카페에 들리기도 하고, 서점이나 기념품 가게에 들
어가 필요한 걸 사기도 했는데, 그때 서점 안에 있던 카페의 밀크티가 기억에
많이 남는다. 한국에 돌아가면 그 맛이 그리울 것 같아 똑 같은 걸 사왔는데,
아무리 해도 비슷한 맛이 나질 않았다. 몇 번 더 시도하다가 그만뒀고, 그 이
후로는 뜨거운 밀크티를 마셔본 적이 없는 것 같다. 더러운 침대에 적응했던

것처럼, 나는 금세 또 다른 사람이 되어 있었다.

네팔을 여행하는 동안 필름을 열다섯 롤이나 썼다. 언제나처럼 괜히 찍었다고 생각되는 사진이 반이나 됐지만, 그때는 그런 사진들도 하나하나 느긋하게 들여다 보며 며칠을 보냈다. 지루하지 않고 꽤나 즐거웠다. 너무 자주 봐서 무뎌졌다가도 몇 달이 지나 우연히 발견하면, 또 처음부터 끝까지 보곤 했다. 멍하게 컴퓨터 앞에 앉아 있던 적이 많았다. 사진 중에는 그저 헛헛한 풍경을 찍어 놓은 게 유독 많았다. 아마 혼자 걸었던 시간이 많아서 그랬을 것이다. 지금까지 나는 그런 사진을 들여다 보며 꽤나 기뻐했다. 햇살이 잘 담겨 있고, 차를 마시며 바라봤던 먼 풍경들도 멋지게 나와 있었다. 그 중에는 내가 가장 좋아하는 사진도 있다. 그런데 함께 간 친구들의 사진이 많이 없었다. 3년이 지나서, 나는 문득 그런 일에 아쉬움을 느낀다. 내가 지금 떠올리는 웃는 얼굴들이

정말 있었던가. 다투고 서운해하던 얼굴들만 가슴 속에 또렷이 남아 있다. 우리가 랑탕 여행을 약속했던 자리는 2012년 여름, 술을 마시던 자리였다. 우연히 찾은 사진 한 장을 돌려 보며 고개를 끄덕였었다. 사진 속에는 언덕에 의자를 놓고 모여 앉은 어떤 여행자들이 있었고, 그 뒤로는 설산이 보였다. 화질이 좋지 않았는데, 그 안에 담긴 온도와 그들이 만끽하고 있을 나른함이 느껴졌었다. 가끔 그 사진이 보고 싶어 부산을 떨어 보지만, 도저히 찾을 수가 없다.

여행은 이상하다. 멀리 떠나고 있다고 느꼈을 때 오히려 나는 사람들과 거리를 좁히는 것 같았다. 그런데 마냥 좋았다며 지난 날을 추억하면 그땐 왠지 허전함이 찾아 온다. 또렷했던 무언가가 영영 사라져버릴 기세로 앞서 걷고 있다. 랑탕에서 친구들을 앞질러 걷던 나도 그렇게 보였을까?

네팔짱

www.nepal-jjang.com
전화. 070 8225 0737
이메일. nepaljjang@gmail.com

우리가 카트만두 공항에 도착해서 처음 찾아간 숙소는 한국인이 운영하던 곳이었다. 마당에 큰 나무가 있고 거쳐간 여행자들의 증명사진이 잔뜩 붙어 있던 곳. 안나푸르나나 랑탕을 여행하려는 사람들이 있다면, 만약 처음이라면, 나는 이곳을 소개해 주고 싶다. 다른 장소와 비교해서 하는 얘기가 아니라 조금 망설여지지만, 트레킹을 마치고 다시 카트만두 시내로 돌아왔을 때 우리는 다른 곳을 알아볼 생각도 하지 않고 바로 그곳으로 향했다. 정보를 얻기에도 좋고, 친구를 사귀기에도 좋다. 네팔이 처음인 사람들에게 여러모로 도움이 될 것 같다.

나만의 리듬으로,
조금 더 가까이

첫 입사, 첫 회의, 첫 회식. 나는 어른이 되기 위해 수없이 많은 '처음'을 맞이해야 했다. 모든 게 낯설고 어려웠다. 하지만 아직 경험해보지 못한 것들에 대한 호기심이 더 컸다. 그 마음에 불씨를 당긴 건 "북유럽 스타일로 해주세요"라는 한마디. 그동안 웹 디자이너로 일하면서 소비자의 성향을 파악하고 만족시키기 위해 한번도 가보지 않은 나라를 상상해야만 했다. 물론 텔레비전이나 인터넷을 통해 얼마든지 간접 경험을 할 수 있었지만 좁은 화면 안에 갇힌 세상은 부족하기만 했다. '진짜' 경험이 필요했다. 어떤 사람들이 살고 있는지, 어떤 생각을 갖고 있는지, 내가 원한 건 그들의 일상을 엿보는 일이었다.

여행을 결심하고 나서 가장 공들인 부분은 숙소였다. 여행객들이 몰리는 곳보다는 현지인의 손길이 닿은 집을 찾고 싶었다. 그러다 우연히 에어비앤비Airbnb에 대해 알게 됐다. 일반적인 호텔이나 호스텔과는 달리, 실제로 사람이 거주하고 있으며 세월의 흔적이 묻어있는 건물이 대부분이라 편리함보다는 편안함을 추구했다. 그저 스쳐 지나지 않고 그들의 삶 속에 머물기를 바라던 내게 잘 어울리는 곳이었다.

여행의 시작은 파리였다. 하지만 파리의 낭만을 느낄 틈도 없이 열차를 타고 프랑스 동부에 위치한 안시Annecy로 향했다. 갑갑한 도심을 벗어나고 싶었기 때문이다. 아름다운 호수와 그 너머로 알프스 산맥이 보이는 마을, 내가 꿈꾸던 유럽과의 첫 만남이었다. 나는 기다리고 있을 호스트(현지 집주인) 마리Marie에게 도착시간을 알렸다. 에어비앤비 애플리케이션에는 채팅 기능이 있어서 연락을 주고 받는 데 불편함은 없었다. 하지만 데이터 사용이 불안정해 우리는 마치 1980년대에 데이트하는 연인처럼 집 앞에서 만나기로 했다.

마리의 공간은 아기자기한 소품들로 가득했다. 정돈되지 않은 듯 자연스러운 분위기 때문에 그녀의 초대를 받아 간 것처럼 편안했다. 마리는 부엌 선반에 놓여 있던 과자를 건네며 자신을 여행 애호가라고 소개했다. 벽면에는 지금껏 다녀온 나라에 표시를 해둔 세계지도가 붙어있었다. 그녀는 동양인이 자신의 집에 머무르는 것은 처음이라며 수줍게 웃었다. 나는 집을 둘러보다가 테라스로 나갔다. 잔잔한 호수와 아늑한 마을 풍경이 한 눈에 내려다보였다. 여행을 떠나기 전에 품었던 두려움이 걷히고, 마음이 활짝 열리는 것을 느꼈다. 눈앞

에 펼쳐진 그림 같은 풍경 속으로 들어가기 위해 재빨리 짐을 풀고 산책에 나섰다. 골목을 걸으며 상쾌한 공기를 온몸으로 들이마셨다. 어느새 호수에 다다랐다. 돗자리를 펴고 피크닉 중인 사람들, 오리배를 타고 물놀이를 즐기는 사람들과 반가운 눈인사를 나눴다. 호수 너머의 알프스 산맥은 경건한 마음마저 들게 했다. 나는 산책로를 따라 천천히 걸었다. 안시는 마을 전체가 마리의 집처럼 아기자기한 느낌이었다. 향긋한 들꽃과 청량한 호수가 있는 이 작은 마을은 기대 이상의 안식을 주었다. 왠지 앞으로의 여행을 더 기대하게 만드는 시간이었다.

프랑스의 대표적인 바캉스 도시인 니스Nice는 그 유명세답게 세련된 인상을 풍겼다. 바닷바람을 맞으며 테라스에서 식사를 하겠다는 로망을 품고, 옥탑방을 예약해둔 것은 정말 잘한 일이었다. 이곳의 호스트 데이빗David은 인사를 건

네자마자 옥탑방까지 오르려면 많이 힘들 거라고 힘주어 말했다. 끝나지 않을 것만 같은 계단이 시작됐다. 나의 짐을 옮겨준다며 양손에 무거운 가방을 든 그는 땀을 뻘뻘 흘리면서도 환한 미소를 잃지 않았다. "나는 괜찮아, 그런데 아직 멀었어." 그는 신혼부부인 자신과 아내가 창고로 쓰던 옥탑방을 개조해 얼마 전부터 여행객들에게 제공하고 있다고 설명했다. 그렇게 도착한 곳은 7층, 옥탑의 한계를 극복한 방이었다. 창고였다고는 믿기지 않을 정도로 깔끔한 실내, 협소한 공간을 최대한 잘 활용할 수 있는 실용적인 구조가 눈에 띄었다. 힘들게 올라온 만큼 꼭대기 방에서 바라본 배경도 역시 실망시키지 않았다. 우리는 함께 테라스에 둘러앉아 간단한 식사를 하며 숙소 근처의 맛집과 관광명소에 대한 이야기를 나눴다. 데이빗은 영어에 서툰 여행자를 배려해 또박또박 설명해 주었다. 그의 추천을 받고 가보기로 한 곳은 프롬나드 데 장글레Promenade des Anglais와 샤갈미술관Chagall Museum, 나는 먼저 '영국인의 산책로'라고 불리는 프롬나드 데 장글레로 향했다. 니스 해변가를 따라 이어지는 산책로는 과거 우기를 피해 휴양을 왔던 영국인들이 만든 길이라고. 데이빗은 길게 뻗은 산책로와 광활한 바다를 마주하고 있는 이곳에 있으면 지상낙원이 따로 없다며 엄지손가락을 치켜세웠다. 나는 그가 추천해준 해변의 오픈 테라스 바bar에 앉았다. 닿을 듯 말 듯 발치까지 밀려오는 바다 물결이 고스란히 느껴졌다. 물결이 모래에 부딪힐 때마다 벅찬 감정이 차 올랐다. '불과 며칠 전까지 모니터 속 세상을 상상만 하고 있었는데!' 나는 넓고 조용한 바다에서 사람들이 각자의 여유를 즐기는 모습을 바라보았다. 여유롭게 책을 읽는 아저씨, 손을 잡고 거니는 노부부, 햇살 아래 낮잠을 자는 사람들….

오래 기억하고 싶은 해변의 모습을 눈 속에 고이 넣어두고, 샤갈미술관으로 향했다. 그림을 좋아한다고 하자 데이빗이 추천해준 곳이었다. 유대교였던 그가 성서를 주제로 그린 작품들, 지중해의 따스한 바람 덕분일까? 샤갈의 그림에는 따스함이 담겨 있었다. 니스는 살아생전 샤갈이 제2의 고향으로 여겼던 생폴St Paul de Vence과도 가까웠다. 미술관의 한적한 분위기는 그 작은 마을을 떠오르게 했다. 다정다감한 호스트와 아름다운 해변 그리고 따뜻한 그림이 있는 니스에서 나는 그렇게 행복했다.

한적한 도시들을 지나 이제 로마를 만날 차례. 너무 겁을 먹었던 탓일까, 이렇게 분위기가 다를 줄은 상상도 하지 못했던 것 같다. 전 세계에서 모여든 관광객들을 사이에서 온 몸에 긴장감이 흘렀다. "고대시대의 문물을 직접 보려면 이 정도의 수고는 감수해야지"라고 누군가 내게 말하는 듯했다. 엄청난 인파를 헤치고 찾은 로마의 숙소, 호스트 롤라Rola의 집은 말쑥한 도어맨과 예쁜 정원이 있는 고급 아파트였다. 조금만 벗어났을 뿐인데 이렇게 조용한 아파트가 있다니! 롤라는 친근하고 낙천적인 사람이었는데 직업은 의사였다. 그녀는 자신의 공간과 붙어있는 옆집으로 나를 안내하고, 점심까지 차려주었다. 직접 만들었다는 토마토 리조토와 아보카도 요리를 배불리 먹고 다시 거리로 나섰다. 여기까지 올 때는 보지 못했던 것들이 눈에 들어오기 시작했다. 인간의 능력이 어디까지인지 의심하게 만드는 화려한 건물들, 책으로만 보았던 미켈란젤로Michelangelo Buonarroti, 다빈치Leonardo da Vinci, 라파엘로Raffaello Sanzio, 베르니니Giovanni Lorenzo Bernini, 보로미니Francesco Borromini 등 천재 예술가들의 작품들이 발길 닿는 곳마다 있었다. 나는 로마에 들러 가장 보고 싶었던 트레비 분수Fontana de Trevi를 찾아갔다. 정면에서 그 웅장한 모습을 보고 싶어서 분수 중앙까지 걸어가는 동안 주변 시야를 가렸다. 비로소 조각가 베르니니의 손에서 탄생한 그 거대한 작품을 마주하는 순간, 나는 할 말을 잃은 채 한참을 보기만 했다. 로마는 경외의 대상이 되기에 충분한 도시였다. 주어진 하루하루가 아쉬울 만큼 감동과 기대는 자꾸만 커졌다. 종교를 떠나 하나의 커다란 예술 작품 같았던 바티칸에서 나는 최고의 전율을 느꼈다. 그들의 열정과 노력, 철학이 고스란히 전해졌기 때문이다. 한편으로는 내가 작업에 임했던 태도를 떠올렸다. 과연 스스로의 한계를 극복할 만큼 노력해본 적이 있었는지. 엄청난 경험을 한 나는 잔뜩 지친 채 집으로 돌아왔다. 편안한 벙커 침대에 누워 한국에 돌아가 작업에 몰두한 내 모습을 그려 보았다. 수많은 예술가들의 혼이 깃든 도시는 내 가능성에 대한 열망과 여행을 포기하지 않고 계속할 수 있는 힘을 주었다.

이번 여행을 하며 가장 기억에 남는 도시를 하나만 꼽으라면 주저하지 않고 두브로브니크Dubrovnik라고 말할 수 있다. 이탈리아 동부의 항구도시 바리Bari

로 이동해 7시간 동안 배를 타는 일정이 순조롭지만은 않았지만 성벽으로 둘러싸인 아름다운 중세 도시를 만나러 가는 길은 그저 설레기만 했다. 두브로브니크의 숙소는 성곽 입구에서도 꽤 먼 곳에 위치했다. 이곳의 중앙대로인 플라차 거리Placa Street를 지나고 좁은 골목에 들어섰다. 꼬불꼬불하고 가파른 계단이 나오자 절로 심호흡을 했다. 그때 한 할아버지가 몇 번 집을 찾는지 물어왔다. 알고 보니 숙소 옆집에 살고 계셨다. 호스트 이레나Irena는 아직 청소가 끝나지 않았다며 시원한 레몬주스 한잔을 건넸다. 나는 집 앞 계단에 쪼그리고 앉아 기다리면서 성벽 안을 가득 채운 수천 개의 붉은 지붕을 바라보았다. 이 지붕 아래 나만의 방이 있다는 사실이 마냥 기쁘고 반갑게 느껴졌다. 청소를 끝낸 이레나가 파란 문을 열고 나를 다시 한 번 반겨주었다. 그리고 삐걱거리는 계단을 오르는 소리마저 멜로디로 들리는 아늑한 방으로 안내했다. 창문을 활짝 열자 옆집 할아버지 탐Tom과 눈이 마주쳤다. 수공예품을 만든다는 그의 집도 엿볼 수 있었다. 반갑게 인사하던 그의 따뜻한 눈빛을 오랫동안 잊을 수 없을 것 같았다. '아드리아 해의 진주'라 불리는 아름다운 도시, 중세시대의 붉은 고성과 사람이 어우러진 두브로브니크가 나를 기다리고 있었다. 플라차 거리에서 청소차를 만났다. 청소차는 낮에는 뜨거운 햇살을 머금고, 밤에는 어두운 조명으로 빛나는 돌 바닥을 한결 매끈하게 닦아주고 있었다. 나는 아름다운 성을 배경으로 웨딩 사진을 찍고 있는 커플을 구경하면서 빛나는 거리를 걷고 또 걸었다. 점점 이 작은 도시와 사랑에 빠지는 듯했다. 그 마력에 이끌려 성벽에 올랐다. 왼편으로는 올드타운을, 오른편에는 바다를 품은 도시의 넓은 마음에 감탄하다가 문득 생채기 난 지붕을 보았다. 혹독한 내전을 통해 살아남은 지붕은 그때를 기억하는 듯 그대로 남아있었고, 상흔이 채 가시지 않은 폐허도 있었다. 저 멀리서 볼 땐 아름답게만 보이던 도시는 사실 이곳을 오가는 수많은 사람들의 발자국으로 상처를 감싸고 있었던 것이다. 여행자들이 보고 떠나는 평화로움은 소리없는 아우성이었다. 가슴이 먹먹해졌다. 여정의 끝자락, 첫 발을 디뎠던 도시 파리로 돌아가는 야간열차에 올랐다. 어느덧 여행 일기장도 꽉 채워졌고, 카메라 속에도 여행의 순간들이 차곡차곡 쌓여 있었다. 벌써부터 아쉬움이 느껴졌다. '무언가를 꼭 얻고 가야지' 하며 목록까지 만들었던 나의 마음은 어느새 사그라지고 없었다. 하지만 처음에 품었던 다짐보다 더욱 묵직한 힘이 생긴 것 같았다. '나만의 리듬'에 따라 사는 법을 배웠다고나 할까, 누군가의 나라에서 누군가의 삶을 체험하면서 그렇게 원하던 '경험'이 깊숙이 스며들어 있었다. 큰 변화를 기대하기보다 내가 그 배움을 어떻게 사용하느냐에 따라 여행의 의미가 달라진다는 것을 이제는 안다. 수많은 '처음' 중 가장 의미 있었던 첫 여행, 그곳에서 보고 느낀 것들은 앞으로 내 삶에 어떤 모습으로 찾아올까?

"그러니까 제가 말씀 드리고 싶은 것은 말이죠. 여행은 아무나 할 수 있는 게 아니라는 겁니다. 이유야 어찌 되었건 이렇게 여행을 떠나오는 게 쉬운 결정은 아니었을 거예요. 하지만 그 결정에도 책임이 따른답니다. 아마도 그게 지금 그쪽 마음 속에 있는 고민들과 두려움들이겠지요. 여행을 하면서 그걸 이겨낼 방법을 찾아보세요. 여행을 마치기 전에 어떤 것이든 좋습니다. 이전보다 굳건해진 용기, 새로운 사업 아이템, 그저 마음을 다스리는 법을 깨우치는 것도 좋습니다. 저 역시 아직 여행을 마치지 못했습니다. 지금도 많은 생각 속에서 살아가고 있지요. 참, 그거 아세요? 여행은 시작하는 것도 어렵지만, 끝마치는 것도 무척 어렵다는 사실이요."

– 《여행은 결국 누군가의 하루》 중에서

AIRBNB

www.airbnb.co.kr

190여 개의 국가, 3만 개가 넘는 도시에 숙소를 제공하고 있다. 내 집에 남는 방을 여행자에게 제공한다는 발상으로 계속해서 성장하고 있는 업체이다. 현지인의 일상을 들여다 볼 수 있을 뿐만 아니라, 저렴한 가격과 더불어 주방을 쓸 수 있다는 장점이 있다.

1 마음에 드는 집을 선택한 후 호스트의 승인을 받아야 예약을 이뤄지므로 정중하게 메시지를 보낸다.
2 호스트의 승인과 함께 답변이 오면 예약 승인이 완료되고 사이트를 통해 결제하면 된다(이때 현지 일정이나 개인 사정으로 거절하는 경우도 있으니 너무 실망하지 말자).
3 여행일자에 맞춰 다시 약속장소와 시간을 정한다.
4 현지에서 체크인을 하고 하룻밤이 지나면 호스트는 Airbnb 측으로부터 숙박료를 받는다.

문득,
동물원에서

한 손에 아이스크림을 들고 코끼리 열차를 탄다. 어슬렁거리는 사자나 곰을 보며 반가워할 새도 없이 휘황찬란한 은색 돗자리 위에서 준비해온 김밥이니, 얼음물이니 주전부리를 꺼내 먹는다. 차가 막히기 전에 돌아가야 하기 때문에 서두르는 어른들 사이에서 못내 아쉬운 얼굴을 한 아이들. 동물원에 대한 일련의 기억들은 얼추 비슷한 모양새를 하고 있다. 우연한 기회에 여행지에서 발견한 동물원이 조금 특별했던 이유다.

나는 동물원을 좋아한다. 매년 봄이 되면 으레 연중 행사처럼 과천으로 향하는데 그저 동물들의 나른한 표정이나 몸짓들을 카메라에 담고 오는 것만으로도 흡족했다. '동물원'이라는 공간이 주는 일상의 해방감, 아프리카 대지에 뿌리를 둔 얼룩말의 원초적인 몸의 무늬, 어렸을 적 느꼈던 소풍 전 설렘 등이

한데 버무려져 가슴을 붕 띄워놓고 마는 것이다. 그렇다고 여행을 시작할 당
시에 동물원에 대한 특별한 계획이 있던 건 아니었다. 여행지에서의 일정은 늘
빠듯하고 돌아보아야 할 미술관이나 유명한 가게들을 꼽고 나면 그날의 하루
가 꽉 차니까. 스위스 바젤Basel에 도착해 인포메이션 센터에서 펼쳐 든 지도에
서 동물원을 발견하기 전까지는 그랬다.

바젤은 세계에서 가장 큰 미술 박람회인 '아트 바젤Art Basel'로 유명한 곳이다.
프랑스와 독일의 국경에 있는 이 작은 도시에 매년 6월이면 전 세계에서 모
여든 개인 전용기만 300여 대가 닿는다. 그 배경에는 시민들이 있다. 바젤 시
민들의 예술 사랑은 대단한 것이어서 세금을 모아 피카소Pablo Picasso의 작품
을 구매하기도 할 정도라고. 미술관에서 언제든지 피카소의 걸작을 보고 싶다
는 시민들의 순수한 열망에 감동한 피카소는 바젤 시에 자신의 작품들을 기
증했다. 부러웠다, 예술을 대하는 그들의 태도가, 육신이 아닌 영혼을 살찌우
겠다는 그 소박하면서도 가장 고차원적인 욕망이. 17세기에 세워진 세계 최초
의 공공미술관, 바젤 미술관 역시 귀족이 아닌 시민의 손으로 설립된 명물이
다. 미술, 음악, 디자인 등 예술 분야의 순도 높은 사랑이 도시 곳곳에 자작자
작 스며든 바젤. 나는 애초에 이곳을 방문하면서 머릿속에 그린 그림이 있었
다. 장 팅겔리Jang Tinguely 분수에서 삐그덕거리며 움직이는 키네틱 아트 작품을
감상하거나 도시를 휘감으며 흐르는 라인 강 앞에 우두커니 서 있는 상상. 아
니면 근방에 위치한 비트라 디자인 박물관Vitra Design Museum으로 발걸음을 돌리
는 당연한 수순. 그러나 이 마을에 동물원이 있다는 사실은 꽤나 흥미롭게 다
가왔고, 어쩌면 내가 계획한 미술관 투어보다 훨씬 더 재미있겠다는 직감이
들었다.

바젤 동물원은 1874년에 문을 열었다. 스위스에서 가장 오래된 동물원이자 지금까지 많은 이의 사랑을 받는 이곳은 연간 평균 180만 명의 관람객이 다녀간다. 140년이라는 세월에도 불구하고 동물원의 컨디션은 최상이다. 잘 다듬어진 잔디밭과 나무들 그리고 깨끗한 모래가 얼마나 이곳이 잘 관리되었는지 짐작하게 한다. 서울대공원에 비하면 매우 작은 규모임에도 불구하고, 오히려 공원 같은 분위기가 편하게 다가왔다. 동물과 사람 사이의 울타리는 낮아서 바로 코 앞에서 동물들을 보고, 만질 수 있다. 동물들의 관심이나 주의를 끌기 위해 박수를 치거나 소리를 지르는 아이들은 여기에 없다. 오히려 사람이 친숙한 동물들이 먼저 다가와 재롱을 떨곤 한다. 동물 우리는 그들이 살던 환경

과 최대한 비슷하게 꾸며 놓았다. 쇠창살이나 그물망도 없다. 동물들은 냄새
나고 딱딱한 콘크리트 바닥을 걷는 대신 부드러운 흙과 잔디를 밟으며 오후
의 햇볕을 만끽하고 있었다. 문득 창경원 시절부터 국내 동물원의 역사를 함
께 한 그랜드 고릴라가 떠올랐다. '고리롱 할아버지'라 불렸던 그는 생전 온도
와 습도 조절이 안 되는 시설에서 기생충과 싸우다가 발가락을 절단한 적이
있다. 동물원에 사는 동물들이 받는 스트레스에 대한 관심이 커지면서 최근에
야 환경도 많이 개선되었다지만 바젤 동물원은 그런 점에서 이상향 같은 곳이

었다. 동물원이 이상향이라니 이상하게 들릴 수도 있지만, 이곳은 동물을 수집하여 보여주는 감옥이 아니라 동물과 사람이 가깝게 만날 수 있는 공간일 뿐이었다.

외국의 동물원, 뭔가 색다른 동물을 보게 되리라는 은근한 기대가 있었다. 어차피 세계 각지에서 데리고 올 테지만 유럽에서 나고 자라는 동물들도 있을 터. 부푼 기대만큼이나 설레는 경험이었다. 스코틀랜드 북부가 원산지인 셰틀랜드 포니나 독일이 고향인 까만 양, 웨일스 산에서 자라는 웨일스 포니, 유럽 전 지역에 분포하고 있는 멧돼지가 곁을 지나가는 순간을 상상해본 적 있는가. 카메라를 잡은 내 손길도 덩달아 그들을 담느라 분주했다. 다리에만 얼룩무늬가 남아 있는 소말리 당나귀는 그 모습이 인상적이었는데, 등에는 회갈색 털이 나 있고, 다리는 얼룩말처럼 얼룩무늬를 띠고 있었다. 반은 당나귀, 반은 얼룩말 같은 신기한 모습에 한참을 바라볼 수밖에 없었다. 한 꼬마 아이가 그 모습을 보더니 나에게 웃으며 말을 걸어왔다. 독일어라 알아 듣진 못했지만 그저 주고 받는 미소만으로도 충분했다. 꼬마는 익숙하게 말의 콧잔등을 쓰다듬며 내게 이름을 소개했다. 동물 앞에 서면 누구나 어린 아이가 된다고 했던가. 호기심 가득한 눈으로 동물들의 행동 하나하나를 쫓고, 입으로는 자꾸만 그들에게 말을 건넸다. 동물원을 찾은 사람 중에 동양인은 아무리 봐도 나와 일행밖에 없었는데 뭐, 이곳이 알려진 관광지가 아니다 보니 그러려니 했다. 아이들은 신기한 눈으로 다가와 "꺄르르" 하며 웃고, 누군가는 심지어 우리를 카메라에 담기도 했다. 잘 보지 못했던 무언가를 무작정 카메라에 담고 싶은 심리, 나도 그렇고 그들도 마찬가지였나 보다. 말과 염소, 늑대, 곰, 기린, 코끼리 등 평생 봐온 것보다 더 많은 동물을 만났다. 그러다 '사자가 태어난 곳'이라는 뜻인 '감고아스 하우스'에 다다랐다. 이곳엔 동물원의 역사와 동물의 습성을 그래픽 이미지로 알려주는 전시 공간이 있었다. 교육을 목적으로 하는 것이지만 안내판 하나에도 뛰어난 디자인 감각이 드러나있어 그저 놀라울 따름이었다. 바젤은 타이포그래피로 유명한 디자인학교가 있고, 시내 곳곳의 간판들조차 범상치 않음을 익히 들어 알고 있었지만 어렸을 때부터 자연스레 이런 감각을 수용하며 자랄 아이들을 생각하니 마냥 부러웠다.

잠시 벤치에 앉아 숨을 고르는데 체험 프로그램에 참여하는 아이들이 말을 끌고 잔디밭으로 나왔다. 아이들은 자신이 맡은 가축들을 산책시키고 먹이도 주며 보살피고 있었다. 돼지와 닭을 기르는 축사에는 돼지나 병아리에게 쓴 편지와 그림들이 벽면을 빼곡하게 메우고 있는데, 아이들은 '돼지'를 구경하러 간 것이 아니라 '잭'이라는 이름을 가진 친구를 사귀는 중이었다. 일 년에 한

번, 그것도 특별한 날에 큰 맘 먹고 동물원에 갈 수 있었던 나의 어린 시절과 비교하면 사뭇 다른 모습이었다. 내 기억 속 동물원은 눈대중으로 훑어만 보기에도 벅차고 드넓은 공간이었고, 동물들과는 어떤 교감도 나눌 수 없었으니까. 기념 사진 찍기, 기념품 가게 둘러보기를 해치우고 나면 어둑어둑한 해질 무렵이 되어 온 가족이 지쳐 돌아가곤 했었다. 어린 나에게는 그저 동물들과 좀 더 가까이 대면할 수 있는 시간이 필요했을지 모른다. 비슷비슷한 관람 동선과 풍경 사이로 비집고 들어온 바젤의 동물원은 그래서 특별했다. 거기엔 현지인, 여행자, 볼거리 같은 건 없었다. 그냥 동물과 아이 그리고 아이가 된 어른만 있을 뿐이었다.

바젤 동물원

www.zoobasel.com

주소. Binningerstrasse 40 4054 Basel, Switzerland
가격. 성인 18프랑, 청소년 12프랑, 어린이 7프랑
시간. 8:00 ~ 18:00(계절별 변동 있음)

동물원은 시내 중심에 있는 Basel SBB(남부역)에서 도보로 5~10분이 소요된다. 트램을 이용할 경우 'Zoo Bachletten'행 1, 8번 혹은 'Zoo Dorenbach'행 2번 트램을 이용하자.

바젤 카드

www.basel.com/en/baselcard

가격. 24시간 : 성인 20프랑, 어린이 10프랑
48시간 : 성인 27프랑, 어린이 13.5프랑

하루에 여러 곳을 둘러볼 계획이라면 바젤 카드Basel Card는 필수다. 시내 20여 개의 미술관 입장료가 50프로 할인되며, 바젤동물원 입장권 무료, 시내 대중교통 이용시 할인 등의 혜택이 있다.

멋진
하루

미군공항, 바닷바람에 드센 아낙들이 많다던 엄마의 푸념, 허허벌판을 가로질러야 학교가 나오고 뒷산 무덤은 해마다 산불에 까맣게 타 들어가던 기억, 유년 시절 8할의 추억이 깃든 동네, 그렇지만 여전히 모르는 이야기가 많이 있을 것만 같은 군산. 떠나온 지 벌써 한참이 지났지만 이따금 그곳을 생각했다.

지인의 당일치기 여행담을 들은 것이 계기였다. 군산을 하루동안 어성어성 잘 보고 왔다는 그의 말에 예정된 주말 계획을 조금 변경하기로 했다. 서울 사는 딸의 귀향을 기다리고 있을 부모님에게는 밤늦게나 도착할 것 같다는 전화 한 통을 남기고 전주행 대신 군산행 버스에 오른 것이다. 그간 우리 가족은 군산을 떠나 전주로 이사를 했고, 나는 서울에 온 지 십 년쯤 되었다. 그러니까 거의 17년 만의 군산행인 것이다. 어쩌다 이렇게까지 오래 걸렸을까, 나는 마치 시네마천국의 토토라도 된 듯한 묘한 기분에 사로잡혔다.

산들이 무리 지어 있는 섬의 모습을 닮았다 하여 붙여진 이름, 군산. 사방을 둘러싼 산과 숲을 떠올리면서 '산이 많아 군산인가?' 하는 식의 생각을 할 때쯤, 갑자기 시야가 걷히더니 저 멀리 햇살이 바다의 잔물결에 조각조각 부서지는 광경이 보인다. 곧이어 머리 위로 '군산항'이라고 적힌 파란 팻말이 지나갔다. 서울과 군산의 거리도, 일렁이는 물빛에 환해지는 기분도, 실은 닿을 수 없이 멀리 있는 게 아니었구나 싶었다.

경암동의 철길마을로 향했다. 가보고 싶던 몇 군데 중 유일하게 외떨어진 곳이었다. 마을엔 사람이 그다지 많지 않았다. 나를 제외하면 몇몇의 사진 찍는 커플들, 그런 모습에 개의치 않고 할 일을 하는 주민 두어 명이 전부였다. 왠지 평화로워 보여 다행이라는 생각이 들었다. 2.5킬로미터의 철길 양 옆으로 집들이 줄지어 늘어서 있고 철도 위까지 세간이 펼쳐져 있었다. 1940년대에 놓인 철도 위에 불과 몇 년 전까지도 화물열차가 다녔다고 하니 꽤 오래 열차가 다닌 셈이다. 하루에 두 번, 열차가 지나는 시간이 되면 주민들은 펼쳐두었던 살림살이와 강아지를 안으로 들여놓고 느린 열차가 다 지나갈 때까지 한참을 기다려야 했다고 한다. 한때 삶을 가로지르던 열차가 더 이상 다니지 않게 되었을 때, 그 모습을 쭉 지켜봐 온 동네 사람들끼리 무슨 이야기를 했을까. 궁금했지만 누구에게도 물어볼 수는 없었다. 다만 한 쪽 끝에서 반대편 끝으로 철길을 따라 걷는 동안 소담한 꽃이 자라나는 화분, 아주 낡았지만 여전히 앉고 싶어지는 낭만적인 소파, 양지에 널어놓은 어린 아이의 운동화, 그런 것들이 조용히 사람 사는 냄새를 피워 올리는 것을 보았다. 열차가 그들에게 어떤 의미였는지는 알 수 없지만 나처럼 구경을 하러 오는 사람들이 그들의 일상을 위협하지 않기를 바랄 뿐이었다. 정말이지, 이제야 평화를 찾은 것처럼 보였으니까.

마을을 빠져 나와 향한 곳은 장미동이었다. 군산은 바다와 평야가 인접해 일제강점기에 많은 일본인들이 곡물수탈의 근거지로 이용했다고 한다. 바람직한 이유는 아니지만 당시 가장 번영기를 누렸던 군산은 아직도 곳곳에 근대식 건물들이 많았다. 특히 장미동 일대의 근대미술관, 근대역사박물관에는 서양 문물을 수용하기 시작했던 개화기의 유행이나 신지식인들의 생활상, 무엇보다 일제에 잔인하게 희생당했던 조선의 뼈아픈 모습들이 고스란히 재연되어 있었다. 한국인이라면 분노하지 않을 수 없는 광경들이었다. 늘 기억 속에 있

었지만 군산을 생각하면 낯선 기분이 들었던 것도 이런 아픔에 배어 있기 때문이었을까? 나는 다시 거리로 나가 걸음을 재촉했다.

시끌벅적한 꼬마 견학생들 무리를 지나 정처 없이 걸었다. 어디선가 짜디짠 소금 냄새가 났다. 잡초가 무성한 옛 기찻길 뒤로 몇 척의 어선이 정박해 있는 풍경이 시선을 끌었다. 뒤이어 내항으로 가는 안내 표지판이 보이고, 멀리까지 물이 빠진 바다도 모습을 드러냈다. 군산에 살던 어릴 적에는 하구둑을 따라 이어진 바다의 초입 부근밖에 가 본 일이 없어서 도처의 바다가 이렇게 다양한 모습일 줄을 생각하지 못했다. 뜻밖의 만남이 반가워서, 내가 이 정도로 바다를 좋아했나 싶었다. 부둣가의 바람은 제법 시원했다. 이곳 분위기에 익숙한 듯한 누군가가 음악을 들으며 물 빠진 바다를 내려다보고 있었다. 나도 한참이나 부두의 난간에 기대어 바다를 바라보다 발걸음을 떼었다. 등 뒤로 바다를 벗삼아 사는 이들의 사투리 섞인 걸쭉한 농담소리가 귓전을 울렸다.

도로 쪽으로 건너와 옛 군산세관을 향해갈 때쯤 갑자기 굵은 비가 쏟아지기 시작했다. 여고생으로 보이는 아이들과 함께 근처의 처마로 피신했는데, 아무래도 수 분내에 멎을 것 같지 않았다. 빗줄기가 잠시 약해진 틈을 타 길 건너의 카페로 뛰어들어갔다. 그제야 군산에 온 뒤 아무것도 입에 대지 않았음을 알았다. 커피를 한 잔 주문하고는 군산 시내를 씻어 내리는 빗물을 바라보았다. 그 사이 아버지에게 전화가 왔다. 상황을 전하니 데리러 오겠다 하신다. 혼자서 여행을 끝마치고 싶었지만 함께 옛 동네를 돌아보자는 말에 선뜻 알았다는 대답이 나왔다. 소나기를 피해 들렀던 이 카페는 '미즈카페'라는 군산의 명소 중 하나였는데, 일제강점기 물자약탈을 위해 세워진 무역회사 '미즈상사'를 개조한 공간으로 현재는 다다미방 구조를 유지, 보수한 2층까지 손님들에게 개방하고 있었다. 카페 문 앞에 걸린 태극기만이 이곳이 한국임을 알려주었다. 다음 골목에서는 이국적인 분위기의 옛 군산세관과 마주했다. 1908년에 준공된 유럽양식의 건물로, 국내에 현존하는 서양 고전주의 3대 건축물 중하나라고 했다. 붉은 벽돌과 하늘색으로 페인트칠을 한 문이 독특하고 멋스러운 외관을 이루고 있었다. 내부도 관람이 가능했는데 단출하게 세관의 변화와 역사를 알 수 있는 공간을 둔 것이 인상적이었다. 비 내리는 오후, 사람 하나 없이 텅 빈 옛 건물을 혼자 돌아보자니 왠지 스산한 느낌이 들었다.

히로쓰 가옥으로 더 많이 알려진 신흥동 일본식 가옥에 가려면 맞은편으로 건너 한참을 가야 했다. 아주 먼 거리는 아니었지만 마땅한 지도 하나 없이 물어 물어 가려니 보통 일이 아니었다. 곳곳에 즐비한 옛 건물들 틈에서 삼십여 분을 헤매다 결국엔 택시를 이용하기로 했다. 애석하게도 가옥은 몇 발짝 안가 나타났다. 여담이지만, 의도치 않게 택시를 자주 이용하면서 느낀 건 여행객을 흥미롭게 바라본다는 점이다. 세 분의 기사 아저씨 모두 호기심 반, 반가

움 반의 표정으로 나를 맞았다. 히로쓰 가옥에 데려다 준 아저씨도 이곳이 처음이라며 목적지에 함께 내려 한참을 구경하더니, 지붕 위의 고양이에게 카메라를 들이대는 나를 보곤 기웃기웃, "뭘 찍어? 아아, 고양이!" 하며 껄껄 웃음을 터뜨렸다. 이런 순박한 관심은 어딘지 정겹고 재미있었다. 가옥에는 구경하는 사람들이 제법 있었다. 일제 강점기에 포목상 히로쓰가 지었다는 이 전통 가옥은 뒤쪽까지 생각보다 큰 풍채를 자랑했다. 2층에서 내다보이는 아기자기한 정원은 비 내린 오후의 고즈넉한 분위기를 한껏 고조시켰는데, 함께한 일행이 있었다면 정원을 보며 차를 한잔 마시고 가도 좋을 풍경이었다. 한편으로 이런 정취 좋은 집에서 조선인에게 만행을 저질렀을 히로쓰에게 내심 원망이 생기는 건 어쩔 수 없었다.

가옥을 나와 인근에 위치한 초원사진관을 발견했다. 8월의 크리스마스 촬영지로 알려진 이곳을 둘러보고 있을 때 아버지께서 도착하셨다. 이곳까지 혼자

무슨 바람이 들어 왔느냐고 묻는 당신의 표정에도 남다른 감회가 감돌았다. 우리가 살던 군산의 지곡동은 확실히 바닷가 근처의 느낌과는 달랐다. 무언가 전보다 많이 들어서긴 했지만 아직 많은 것이 그대로였다. 어쩜 이 많은 이야기들을 다 잊고 살았는지, 함께 놀던 친구들 모두 잘 살고 있을까? 내 또래의 누군가를 마주쳤다면 아마 난 그를 추억 속의 누군가로 믿고, 애써 기억해내려 했을 것이다.

지는 석양과 함께 여행도 끝자락으로 내달렸다. 마지막으로 들른 금강하구둑의 장항바다는 기억 속의 모습보다 적막해서 아쉬움을 남겼다. 아버지와 하구둑 주변에 새로 생긴 짬뽕집에서 짬뽕 한 그릇을 먹었다. 모처럼 어린 나이의 소녀로 돌아간 기분이었다. 집에 도착하니 오래 기다린 엄마는 너무 늦었다며 성화였다. 다 커 버린 남동생은 방에서 나오지도 않았다. 그래도 언제나 반가운 우리 집, 하루의 여행이 특별했던 건 집으로 향하는 길이라 그랬을지도 모른다. 다시 찾은 군산은 불현듯 해후한 옛 친구 같아서 아직 더 묻고 싶은 게 많았다. 익숙한 듯 낯설었고, 서먹한 만큼 애틋했다. 그날 밤, 나는 떠나올 때보다 왠지 더 묘한 기분이 되어서 쉽게 잠을 이룰 수가 없었다. 결국 나는 일어나 다시 불을 밝혔다. 걸어 나가면 바다가 보이는 곳에 다시 살고 싶다는 마음을 괜히 노트에 끄적거렸다. 이 바람이 이루어지는 데는 다시 얼마만큼의 시간이 필요할까?

군산 둘러보기
군산은 매주 월요일 휴관하는 곳이 많으니 당일여행을 계획한다면 월요일을 피해서 가는 것이 좋으며, 시내에 비치된 자전거 대여소에서 자전거를 이용해 둘러볼 것을 추천한다. 요금은 3천원. 군산의 바다는 탁하고, 얕고, 조수간만의 차가 큰 서해의 특징을 모두 가졌다. 동해처럼 푸르고 깊은 매력은 아니지만 친숙한 삶의 냄새를 짙게 풍긴다. 군산시 장미동의 근대역사박물관 뒤편에 펼쳐진 바다에 꼭 한번 가보길.

내 생애
가장 젊은 날

누군가 말했다. 무엇을 하고 살지 3년 동안 고민했는데 결국 도달한 곳은 원래 있었던 자리였다고. 나쁘지 않은 결론이었다. 예전과 다름없이 안락하게 살아갈 수 있을 테니까. 그런 그에게 나는 자꾸만 반작용으로 움직인다고 했다. 그랬더니 "아직 젊기 때문에 괜찮아"라는 조금은 무심한 대답이 돌아왔다. 그의 말은, 그가 그랬던 것처럼, 결국 나도 시작점으로 선회할 뿐이라는 걸까? 나는 그 끝이 궁금해졌다. 무엇을 향해 달려야 텅 빈 가슴을 채울 수 있을까.

그 해 여름, 풀리지 않는 의문을 안고 인도에 갔다. 도착한 첫 날, 콜카타Kolcata 공항은 산란했고, 사람 사이의 어색한 기류가 흘렀다. 공항 문을 열고 나타난 이방인을 주시하는 그들의 커다란 눈을 바라보며 나는 아주 잠시 내 선택에 대한 의심을 품었다. 그때 어디선가 튀어나온 꼬마가 짐을 들어주려 했다. 나의 짐은 얼마나 창피하게 커다란 것인가. 선처를 바라는 아이를 뒤로 하고 서둘러 택시에 올랐다. 차는 콜카타 시내를 유유히 빠져 나와 새카만 고속도로를 달리기 시작했다. 도로에는 익숙한 두 가지가 없었다. 백미러와 중앙차선. 하지만 시원한 바람이 마음에 들어서였는지, 앞으로의 여행에 기대를 품어도 좋을 것 같았다. 인도 여행의 최종 목적지는 최북단, 히말라야 산맥에 위치한 왕국 라다크Ladakh의 수도, 레Leh였다. 지금은 잠무 카슈미르Jammu and Kashmir 주의 작은 마을인 이곳은 인간이 거주하는 도시 중 가장 해발고도가 높은 곳 중 하나다. 국내에는 스웨덴 출신의 언어학자 헬레나 노르베르 호지Helena Norberg Hodge의 《오래된 미래》를 통해 알려졌다. 사실 그곳에 간 이유는 더위 때문이었다. 샤워를 하고 5분도 되지 않아 등줄기에 땀이 흘러내리는 무시무시한 인도의 더위를 피하기 위해서 말이다.

"저는 전쟁이나 폭력 속에 살아본 적은 없어요. 정치적 음모라던가 헬리콥터 추락도 없었죠. 그렇지만 제 인생은 드라마로 가득 차 있거든요. 그러니까, 제가 경험해본 것 중 가장 멋진 일이란 누군가를 만나고 관계를 이루고, 바로 그런 것들이에요."

－영화 〈비포선셋〉 중에서

"어디야? 차 출발해!"

수화기 너머로 들려오는 황급한 목소리에 눈을 떴다. 시계를 보니 새벽 2시가 넘어가고 있었다. 10분 후면 차는 먼 길을 떠날 것이다. 마르지 않은 양말과 속옷을 그대로 가방에 쑤셔 넣고는 새벽의 찬 공기 속으로 뛰쳐나갔다. 지난 4개월간 콜카타 인근의 시골 마을에서 더위와 습기에 지쳐갈 때쯤, 한국에서 가져온 여행서적을 위로 삼아 자주 들여다 보곤 했다. 그 중에서도 닳도록 보고 또 봤던 부분이 바로 지구상에서 다신 없을 풍경을 자랑한다는 히말라야의 작은 마을 레였다. 드디어 그곳에 가는 것이다. 짐이 많은 여행객들 덕분에 출발이 지연되고 있었다. 그것에 비하면 나의 가방은 히말라야가 아닌 동네 뒷산에 가져갈 법한 크기였다. 차 위에 짐을 동여매고 있는 아저씨에게 건네니 이것이 전부인지 확인하는 질문이 되돌아왔다. 고개를 끄덕이자 그는 엄지를 치켜세웠다. 이제 모든 출발 준비는 끝났다. 히말라야행 버스에 탑승할 승객은 모두 열한 명. 세상에서 가장 높은(그리고 가장 위험한 고속도로)에서 우리의 목숨을 책임질 기사 아저씨는 경상도 사람이라고 해도 믿을 법한 네팔인이었다. 그의 옆에는 히말라야 산중에 애인이라도 숨겨놓은 건지 잔뜩 멋을 부린 조수와 정체불명의 아주머니가 좁은 공간을 비집고 앉았다. 우리가 머물던 마날리Manali의 여행자거리를 순식간에 내려온 지프차는(아저씨의 운전솜씨는 정말이지 예사롭지 않았다!) 갑자기 시내의 사거리에 멈춰 섰다. 그러더니 감색 가죽점퍼 차림의 사내 한 명을 태웠다. 곁눈질로 흘끔 쳐다본 그의 첫인상은 담배 광고에나 나올 법한 모습이었다. 황야를 방황하는 고독한 사나이랄까, 그것도 아주 매력적인.

이윽고 눈앞에 설산이 펼쳐졌다. 푸르른 새벽녘, 거대한 벌판 위에 움직임이라곤 오직 우리가 탄 지프차 한 대뿐이었다. 사람들은 한기를 느꼈는지 옷깃을 여몄다. 그러나 나는 이상하게 조금도 춥지 않았다. 대신 스스로 제어할 수 없는 웃음이 이빨 사이를 히죽 비집고 터져 나왔다. 그것은 일종의 카타르시스, 하얗고 거대한 설산이 주는 희열이었다. 몇 시간이 지났을까, 냉혹한 하늘도 서서히 온기를 품기 시작했다. 마날리를 떠나 온 지 8시간이 지났을 무렵, 기사 아저씨는 전혀 예상치 못한 곳에 나타난 몽골의 초원에나 있을 법한 천막 앞에 차를 세웠다. 이 임시 휴게소는 1년 중 단 두세 달, 여름철에만 열렸다. 고속도로를 통해 히말라야의 숨겨진 비경으로 향하는 전 세계 여행자와 그곳에 물자를 실어 나르는 트럭 운전수들이 잠시 들러 눈을 붙이거나 끼니를 해결하는 곳이었다. 아찔한 낭떠러지에 기적같이 존재하는 이 휴게소의 주인은 놀랍게도 조수석에 탄 그 정체불명의 아주머니였다. 그녀가 내리자 볼이 빨간

두 명의 소년이 한달음에 달려와 품에 안긴다. 어쩐지 그녀에게선 남루한 옷과 햇볕에 그을린 피부로도 가릴 수 없는 강인한 생명력이 느껴졌다. 그에 반해 히말라야에 대해 아무 것도 모르는, 아니 산에 대해 아는 것이라고는 없는 내가 진열대에서 마음에 드는 초콜릿을 꺼내 들듯 히말라야행 티켓을 산 일은 부끄러운 일이란 생각이 들었다. 그러다 문득, 천막 저편에 홀로 오도카니 떨어져있는 한 남자가 시야에 들어왔다. 뒤늦게 합류한 고독한 사나이였다. 나는 그에게 다가가 말을 걸어보기로 했다.

"어디서 왔어?"
"인도 뭄바이에서 왔어, 넌?"

이럴 수가, 이 남자가 인도인이라니, 전혀 예상치 못한 대답이다. 혹시나 하는 마음에, 뭐 이민자라거나 다른 나라 태생이 아니냐고 물었다. 그러자 자신의 이름은 아슈토시Ashutosh고 찬디가르Chandigarh가 고향인 토종 인도인이라고 친절하게 설명을 덧붙인다. 그러고 보니 아까 잠시 버스 뒷바퀴가 구렁에 빠졌을 때 그는 바퀴의 상태에 대해 기사에게 몇 마디 말을 했는데, 그것은 분명 힌디어였다(그때까지 나는 그가 인도를 아주 좋아하는 외국인 여행자라고 믿어 의심치 않았다). 그간 인도 곳곳을 돌아다니며 그들의 다양한 언어만큼이나 다양한 인종을 만났다. 백인처럼 피부가 흰 사람부터 지금의 버스 운전사처럼 한국인들과 똑 닮은 나갈랜드 혹은 네팔계 사람까지. 그러나 아슈에게서 느껴지는 '고독', 집단에서 스스로 떨어져 혼자가 되려고 하는 습성은 그 어떤 인도인에게서도 느낄 수 없는 것이었다. 그들의 생활은 사람 사이 유대감에 깊이 뿌리 내려 있었고(심지어 남자끼리도 손을 잡는다), 그것은 전통의 힘이 아직 강력히

남아있는 시골 마을일수록 더욱 그러했다. 내가 인도를 '홀로' 여행하기로 한
것을 밝히면 돌아오는 반응은 한결같았다.

"누구랑 같이 가니?"
"나 혼자 가는데?"
"오….."

그 짧은 탄성에는 수만 가지 우려가 녹아 있었다(사실 이런 반응은 한국에서도 마찬가지이지만). 여자애 혼자 인도를 여행할 때 발생할 수 있는 불상사에 대한 그들의 걱정은, 내가 무사히 돌아옴으로 인해 그렇지 않을 수도 있음을 증명하면 되는 것이었다. 하지만 '혼자 하는 여행이 무슨 재미가 있을까'에 대한 그들의 전제는 내가 아무리 즐거웠다 한들 결코 뒤집을 수 없는 것이리라. 그런데 아슈는 나처럼 '홀로' 여행하고 있는 것이다.

"레에 가서 뭐 할 거야?"
"글쎄… 걷고, 책 읽고, 스케치할거야."

그의 대답을 듣고 여행을 떠나기 전 내가 했던 말이 떠올랐다. "마음껏 그림을 그리고 싶어, 함께할 수 있는 여행동무가 있으면 참 좋을 텐데…." 나는 아슈의 맑은 눈을 물끄러미 바라보았다.

고도가 높아지자 차창 밖의 풍경도 확연히 달라졌다. 풀 한 포기 자랄 수 없는 죽음의 회색지대가 끝없이 이어지고 있었다. 아슈는 이곳에 일 년 내내 비 한 방울 내리지 않는다고 말해주었다. 히말라야 지대는 지역별로 강수량의 편차가 극심하다. 그럴 수밖에 없는 것이 비구름이 세계의 지붕 히말라야에 부딪칠 때 비를 뿌리는 곳은 엄청난 양의 폭우가 쏟아지며(예를 들면 방글라데시는 그 엄청난 폭우로 매년 국토의 1/3일 물에 잠긴다), 그 반대편과 구름 위의 지역은 이렇듯 가벼운 뭉게구름이 드넓은 하늘에 폴폴 떠다니는 맑은 날의 연속인 것이다. 평소 피부가 건조한 편이라 코와 입이 바짝 말라 들어가는 것을 느낄 수 있었다. 머리카락은 얼마 남지 않은 수분을 모두 히말라야 공기 중에 빼앗겼는지 한껏 푸석해졌다. 그리고 곧 고산병의 증세가 시작되었다. 주위를 둘러 보니 다른 여행객들은 이미 고통스러운 표정이었다. 고산병은 체력조건과 상관없이 사람마다 그 증세가 천차만별이다. 증상을 완화시켜주는 약도 있지만, 사실 그 효과를 크게 기대하긴 힘들다고 한다. 고산지대가 처음이라면 누구나 미약하게나마 고산병 증세를 반드시 느낀다. 보통은 무리한 움직임을 삼가고 며칠 정도 충분한 휴식을 취하면 서서히 사라져 적응하게 마련이었다. 그러나 그 첫 증세가 심각하게 나타나는 경우도 간혹 있어, 그런 사람은 빨리 저지대로 내려가는 것밖에 달리 방법이 없다. 길은 좋지 않았고, 날은 조금씩 어두워졌다. 낮에 본 낭떠러지 아래 트럭의 잔재들이 머릿속을 스쳐 지나갔다. 나는 잠시 눈을 붙이기로 했다. 그러나 몸에 힘을 빼고 있으니 머리가 차체를 따라 사정 없이 흔들렸다. 고산병은 더 심해졌고 급기야 멀미기운마저 올라왔다. 때마침, 뒤에 타고 있던 서양인 커플이 다급한 목소리로 기사에게 멈추어 달라고 요청했다. 문제는 남자쪽이었다. 그는 비틀거리며 밖으로 나가 구토를 했다. 나는 이 때다 싶어 밖으로 나와 상쾌한 공기를 축적했다.

마날리를 떠난 지 18시간 만에 우리는 드디어 세상에서 가장 높은 마을에 입성할 수 있었다. 그러나 한밤중에 우리를 반긴 것은 레의 그림 같은 풍경이 아니라 근처 게스트 하우스에서 나와 장사진을 이룬 사람들이었다. 나는 차에서 내리자마자 그들에게 둘러싸였다. 짐 챙기랴, 그들을 상대하랴 정신이 혼미해지던 찰나, 아슈는 내게 걱정스런 표정으로 미리 예약해 둔 곳이 있느냐고 물었다. 나는 고개를 절레절레 흔들었다. 때마침 곁에 서있던 사람이 이 찬스를 놓치지 않으려는 듯 아슈에게 자신의 게스트 하우스 명함을 내밀었고, 아슈는 그에게 몇 가지 확인을 하는 듯 하더니 일단 밤이 늦었으니 그를 따라가라고 했다. 덕분에 나를 포함한 4명의 한국인을 한꺼번에 포획한 그는 신이 나서 우리를 쓸어 담듯 봉고차에 태웠다. 분명히 함께 가고 싶어 하는 나의 마음을 모르지 않았을 것이다. 다음 차로 따라갈 것이라던 아슈는 결국 오지 않았다.

샨티 스투파Shanti Stupa 초입의 탕그라(탱화)가 빼곡히 걸린 집의 주인 '라마'는 흡사 비버를 닮은 귀여운 외모의 자그마한 티벳인이었다. 약간은 기름진, 어깨까지 내려온 단발머리를 머리띠로 훌쩍 넘기고, 대충 옷을 걸치고 있었다. 그는 히말라야가 영하 30도로 떨어지는 겨울이면 인도의 대표 휴양지인 고아Goa 해변에서 장사를 하고 여름 한철만 이곳에서 장사를 한다고 했다. 탱화 그리는 법은 어려서부터 아버지를 통해 배웠다고. 나도 배울 수 있느냐는 질문에 그는 흔쾌히 가게 안으로 나를 초대했다. 그가 건넨 민트티를 마시다가 나는 아슈에 대한 이야기를 꺼냈다.

"곧 그를 만날 수 있을 거야. 레는 좁은 마을이니까."

"그렇지만, 난 운이 좋지 못한걸."

"행운은 신도 만들어 주지 않아. 네가 불운하다면 그 원인도 너한테 있는 거야."

"윤회를 말하는 거니? 다 나의 업이라는 거야?"

"응. 네가 어찌 할 수 없는 일들이니, 그저 평온한 마음을 가지면 되는 거야."

누군가에게 털어놓고 나니 아슈가 보고 싶었다. '행운은 신도 만들어주지 않아.' 라마의 말이 귓가에서 맴돈다. 나는 부러 시장을 지나 사원을 가로질렀다. 여행자의 구역인 창스파도 한 바퀴 돌았다. 그러다 어느새 숙소 앞에 도착해 있었다. '우연한 만남'과 같은 기막힌 행운은 나에게 일어나지 않았다. 게스트 하우스 대문 앞에 서서 시선이 닿는 곳까지 물끄러미 바라봤다. 저렇게 거리를 지나는 사람들이 많은데 아슈만 없다는 것은 답답한 일이었다. 그가 길을 걷고 있다면, 그의 이름을 아주 크게 불러 볼 것이다. 그럼 아마 길거리 사람들이 다 쳐다보겠지?

"아- 슈- 우우."

가끔 신은 우리의 담력을 시험한다. 내가 그의 이름을 부른 순간, 그는 사람들 사이를 걷고 있었다. 신은 정말 아슈를 내 앞에, 찬스파 골목에 데려다 놓은 것이다. 나는 그때 이후로 시간이 아주 천천히 흘러가는 이상한 기분을 몇 번 경험했는데 그 순간도 그랬다. 마치 슬로우 모션 비디오를 보듯이 그 모습을 멍하니 바라보다 문득 정신을 차렸다. 당장 쥐구멍에라도 숨고 싶었다. 남이 보든 말든 그의 이름을 한껏 불러 볼 것이라는 다짐은 감쪽같이 사라져버렸다. 아슈가 고개를 들었다. 눈만 빼꼼히 내어 놓았던 나는 그와 눈이 딱 마주쳤다. 그의 얼굴에도 미소가 번졌다. 아슈는 제 집에 드나들 듯 아주 자연스럽게 까만 대문을 열고 들어섰다.

"널 정말 다시 만나고 싶었어."
"응, 여기 이렇게 있는걸."

난 그때까지 그림을 즐겨 그리는 인도인을 한 번도 본 적이 없기 때문이었는지 아슈의 그림에는 큰 기대를 하고 있지 않았다. 그림을 그리고 있는 내게

'그림은 아무짝에도 쓸모 없는 일'이라고 말한 사람도 있었다. 그림을 보여달라는 나의 부탁에 그는 흔쾌히 스케치북을 건네왔다. 그의 두꺼운 노트는 그자체만으로도 멋졌다.

"와, 이거 너무 멋진데! 어디 가면 살 수 있는 거야?"
"파는 게 아니야. 내가 자주 가는 화방에 주문해서 만들었거든."

인도가 정말 좋은 것 중에 하나는 아직까지 기성품이 모든 생활을 지배하지 않는다는 점이다. 그들은 주로(거의 모든 여성은) 천을 사서 치수에 맞게 옷을 만들어 입었으며, 심지어 기성복조차 모두 분해해서 각자의 사이즈에 맞춰 주었다. 인도에서 산 청바지는 그래서 내게 퍽 잘 어울리는 것이었다. 스케치북까지 주문해서 만들 수 있다니, 카키색 표지를 조심스레 어루만지다가 종이를 한 장씩 넘겼다. 아슈의 그림은 그가 훌륭한 솜씨를 가지고 있다는 것 이상의 의미를 가지고 있었다. 그가 가진 감수성과 생각을 온전히 담고 있었고, 또 그의 직업(아슈는 뭄바이에서 애니메이션과 영상을 제작하는 일을 하고 있었다)에 대한 열정을 보여주는 것들이었다. 만일 내가 길에서 같은 노트를 주웠더라도 얼굴 한 번 본 적 없는 그 대상을 동경할 수 있을 만큼 충분히 감동적이었다. 그날 우리는 함께 샨티 스투파에 올랐다. 그곳에 가기 위해선 수많은 계단을 올라야 했는데 그 일이 내게 엄청난 무리임을 머지않아 알 수 있었다. 숨소리는 점점 거칠어지고, 나는 창피해서 숨을 크게 쉬지도 못했다. 같이 걷고 있는 그는 전혀 힘들어 보이지 않았기 때문이다. 다행스럽게도 이를 눈치챈 아슈는 쉬어 갈 것을 제안했다. 나는 그제야 계단에 털썩 주저앉아 숨을 크게 몰아 쉬었다. 아슈는 한국인들은 약골이라며 핀잔을 주었다. 나는 그저 고산지대에 적응하지 못한 것이라며, 내가 얼마나 수영을 잘하는지 알아야 한다는 변명을 늘어놓았다. 그는 어린 아이 타이르듯 이제부터 천천히 올라가자고 말하며 내 등을 몇 번 부드럽게 쓸어주었다. 가까스로 정상에 오르자 중앙에 불상을 모신 거대한 돔형의 스투파가 우리를 맞이했다. 스투파를 중심으로 바둑판 모양의 타일이 깔린 광장에서 사람들은 저마다 자유를 만끽하고 있었다. 어떤 이들은 단체로 요가를 하고, 연인들은 서로의 모습을 사진에 담기에 여념이 없고, 누군가는 홀로 명상에 잠겨 있었다. 나는 광장의 가장자리로 다가가 앉았다. 아름다운 레 시내를 한눈에 바라볼 수 있었다. 시내를 둘러싼 바위산에는 나무가 하나도 없어 구름 그림자가 드리워졌다 걷히는 신비로운 광경이었다. 그러나 마을은 온통 초록에 파묻혀 있었다. 그 푸르른 녹음은 주변의 황폐함과 맞물려 오직 '레'만이 가질 수 있는 특유의 부드러운 색감을 보여줬다. 밝은 황갈색과 초록, 암벽과 녹음, 그 조화가 이뤄내는 아름다움을 오랫동안 바라보았다. 우리는 왔던 길로 다시 내려가는 것은 식상한 일이란 것에 동의했고, 반대편으로 내려가기로 했다.

"저기 보이는 난간 있지? 나 거기서 오전에 그림 그렸어."

"너, 여기 이미 왔었어? 말을 하지, 다른 곳에 갈걸 그랬나?"

"오! 아니야. 여기처럼 멋진 곳은 다섯 번도 더 올 수 있지."

그곳에서 보는 샨티 스투파는 좀 전에 본 그의 그림과 겹쳐 보였다. 우리는 시장으로 내려와 함께 저녁을 먹은 것 같다. 그때부터 그와 무슨 대화를 했는지는 잘 기억이 나지 않는다. 그것은 아마 내가 쑥스러움을 느꼈기 때문일 것이다. 그래도 그의 웃음에 관한 것은 기억에 남는다. 나는 그의 특이한 웃음소리에 덩달아 웃게 되었는데 아슈는 자신의 웃음이 디즈니만화에 등장하는 '구피'를 따라 한 것이라고 했다. 자신이 어렸을 때 만화영화를 자주 봤는데 그곳에 등장하는 캐릭터들의 웃음소리를 죄다 연습해서 그 중에 가장 나은 것을

선택한 것이라고 했다. 그리고는 미키마우스의 웃음소리도 흉내 낼 수 있다며 보여주었다. 날이 완전히 저물었을 때 우리는 서로의 숙소 앞까지 세 번이나 서로를 데려다 주었다. 그래도 헤어짐의 아쉬움은 전혀 줄어들지 않았다.

"Hug⋯."

아쉬운 마음을 덜어볼까 하는 마음으로 우물쭈물 말한 그 단어에 그는 아주 오랫동안 포근하게 안아주었다. 쑥스러운 용기를 낸 나에게 한없는 안도감과 애정을 나눠준 포옹, 그건 《위대한 개츠비》를 인용하자면 '내가 이해해주기를 바라는 만큼 상대방이 나를 이해해주고, 믿어주기를 바라는 만큼 나를 믿어주는' 그런 감동이었다.

아침에 눈을 뜨자 마자 오늘 하루는 레를 떠나있어야만 할 것 같은 생각이 들었다. 바로 어제, 아슈가 마날리로 떠난 것이다. 그와 함께 걷던 곳을 다시 걸으며 스스로를 괴롭히고 싶지 않았다. 이곳에 올 때 같은 차를 타고 온 사람들도 하루, 이틀 간격으로 다시 돌아간다고 말했다. 이제 정말 홀로 남는 것이다. 물론 그들과 같이 간다고 문제될 것은 없었다. 오히려 그 편이 더 즐거웠을지도 모른다. 그러나 나는 남기로 했다. 다른 이유는 없었다. 아직은 이곳을 떠나고 싶지 않다는 것밖에는⋯.
버스 정류소에 나가보기로 했다. 때 마침 이곳에서 20분가량 떨어진 틱세 곰파Thiksay Gompa로 가는 버스가 곧 출발한다고 했고, 나는 일말의 망설임 없이 그 아담한 버스에 올랐다. 먼지로 뒤덮인 버스는 아주 낡았지만 더할 나위 없이 아늑했다. 낡은 양복을 입은 아저씨들과 머리에 천을 두른 무슬림 여성 그

리고 교복 입은 학생들로 가득 찼다. 나는 그들과 다 함께 소풍이라도 가는
것처럼 정겨운 마음이 들었다.

모든 곰파(불교 사원)가 그렇듯 그 지역에서 가장 높은 곳에 위치한 틱세 곰파
는 주변의 평평한 대지와 맞물려 드라마틱한 광경을 연출하고 있었다. 버스에
서 내려 온통 모래와 돌뿐인 오르막을 올랐다. 그러나 레의 날씨는 언제나 쾌
적했으므로 전혀 힘들거나 고되진 않았다. 다만 한 발자국씩 오를 때마다 한
눈에 들어오는 마을의 전경을 감상하기 위해 자주 멈춰서야 했다. 사원의 입
구에는 커다란 종과 꽃화분들이 여행자들의 눈길을 끌었다. 하지만 나는 그런
것에 무심한 편이었고, 사람의 손이 덜 닿았을 공간을 찾기 위해 계속해서 사
원 위로 오르고 또 올랐다. 히말라야의 엄청난 추위를 대비해야 하는 티베트

의 건축은 요새와 같아서 아주 작은 창문들을 제외한다면 그저 언덕을 이루
는 거대한 암석덩어리의 일부로 보인다. 그 안으로는 좁고 긴 복도들이 미로
처럼 형성되어 있고, 그것을 따라 예상치도 못한 공간이 나타나곤 하는 것이
다. 그렇게 이곳저곳을 드나들기를 반복할 때쯤 사다리 하나를 발견했다. '옥
상이구나!' 그곳은 풍화작용에 그대로 내맡겨진 무위의 공간이었다. 하지만
여느 곳과는 다르게 음악이 흘러나오고 있었다. 고요하고도 명진한 선율이 공
간과 퍽 잘 어울렸다. 발 아래로 잘게 부서지는 자갈 소리와 함께 틈틈이 들
려오는 그 선율을 찾아 발걸음을 옮겼다. 옥상 한 켠엔 작은 예배당이 마련되
어 있었다. 나는 창문의 틈새 사이로 줄지어 앉은 스님들이 무언가를 하고 계
신 것을 몰래 지켜보았다. '이 음악이 여기서 나오는 걸까?' 청아한 선율은 종
교음악이라고 해도 전혀 무리가 없었다. 그때 갑작스레 선율은 돌변하여 엄청

난 속도로 휘몰아 쳤다. 나는 벽이 끝나는 지점에서 방향을 틀었고, 거기에는 맨발의 한 남자가 발바닥 장단에 맞춰 기타를 치고 있었다. 마치 공간 속의 바람, 빛, 냄새, 온기 등 자신의 피부로 와 닿는 모든 느낌을 곧바로 음악으로 표현하는 것 같았다.

그의 이름은 제미Jemi, 캐나다 퀘벡Quebec 출신의 음악가로, 늘 이렇게 여행을 하며 작곡을 한다고 했다. 그의 말을 빌리자면, Musical Explore, 즉 여행하는 음악가였다. 지금은 'June in the Fields'라는 듀오 밴드에서 활동하고 있었다. 누구보다 자유분방한 삶을 살고 있는 그였지만, 그것은 오직 '음악'을 향한 것이었다. 술, 담배를 하지 않음은 물론이고 다른 히피 여행자들처럼 거만하게 풀어져 있는 모습을 본적은 단 한 번도 없었으며, 어떤 때는 하루 종일 외출도 않고 기타를 끌어안은 채 작곡에 몰두하곤 했다. 친구가 된 나와 제미는 레에서 차로 20분 떨어진 스피툭 곰파Spituk Gompa를 찾았다. 주변 경관이 한눈에 내려다보이는 곳에서 그는 영감을 받는다고 했다.

"한 곡 연주할게."
"응!"

나는 눈을 감았다. 우리를 향해 불어오던 바람은 빛과 함께 잘게 부서져 기타 현에 알알이 떨어져 내렸다. 그렇게 매 순간 속에 내가 존재함을 가슴 깊이 느꼈다. 감은 눈을 떴을 때 우리 곁에는 많은 관광객들이 몰려와 있었다. 그들은 잠시 지켜보는가 싶더니 이내 자리를 떴다. 그들 중 대부분이 한 곡이 채 끝나기도 전에 제 갈 길로 돌아가버리는 것을 보고 나는 혹시 그가 그런 일에 마음이 상하지나 않을까 궁금했다.

"어떻게 저 사람들은 너의 노래를 쉽게 지나쳐 버릴 수 있지?"

"그들은 바쁘거든. 오늘만 해도 대여섯 군데를 구경하러 다닐 거야."

그들은 정말 그래 보였다. 다들 사진 찍기에 여념이 없었다. 그 모습은 꼭 달에 착륙해서 깃발을 꽂는 것처럼 보였다. 내가 이곳에 왔다는 것을 세상에 널리 증명이라도 해 보이려는 듯….

나는 한동안 머물렀던 레의 사진을 별로 가지고 있지 않다. 그곳에 도착한 이후 눈으로, 마음으로 느끼기에도 하루가 모자라 카메라를 던져버렸기 때문이다. 그러나 그곳에서 느꼈던 모든 순간의 감정들을 생생히 기억한다. 그날의 찬란한 빛과 암석의 냄새. 그것들은 도시의 햇빛 한 조각, 서늘한 바람 한 결 속에서도 숨어있어 표정 없는 도시에 뒤섞여 있던 나를 문득 발견해주곤 한다.

**'레'에서는 오직
마음을 열 것**

여행에 대한 좋은 기억을 남기는 일 중에서 팔할이 그곳 사람들과의 인연이라고 한다면, 라다크 사람들은 세상에 둘도 없는 천사 같은 사람들이다. 길을 물어보면 정말이지 '동구 밖'까지 동행해서 알려주며, 별별 사람들 다 겪으며 외지인에게 싫증이 났을 법한 게스트하우스 주인들조차 투숙객들의 작은 불편함 하나까지 진심으로 대하며 최선을 다해 해결해주려고 한다. 심지어는 빈 방이 없다는 이유로 그냥 돌아가는 객들에게도 차를 대접하고 다른 곳에 머물 수 없는지 직접 나서서 이웃에게 물어봐 주기도 한다. 잠시나마 그들 곁에 머물렀던 사람으로서 추측해보건대, 그들의 온화한 마음의 비결은 자비의 실천을 강조하는 불교에 대한 믿음과 마음 속까지 정화되는 히말라야의 풍경이 때문이 아닐까 싶다. 레 여행자라면, 길에서 마주치는 모든 사람에게 먼저 인사를 건네보자. "Julley!(쥴레이)", 우리나라 말로 '안녕'이란 뜻이다.

레에 가는 방법은 두 가지다. 마닐라 또는 스리나가르를 거치는 육로를 이용하거나 델리에서 직항으로 운행하는 항공편을 이용하는 방법. 육로로 갈 경우 22시간 이상 걸리는 이동시간과 해발 3천8백미터 고산지대에서 적응할 체력이 관건이다. 또한 끝이 보이지 않는 낭떠러지를 피해 아슬아슬하게 운전하는 현지 방식을 도저히 견딜 자신이 없다면 항공편을 이용하는 것이 좋다. 하지만 히말라야 경관이 주는 엄청난 감동과 낯선 동행자들과 친구가 되는 기쁨을 누리고 싶다면 반드시 버스를 타자. 세계에서 가장 악명 높은 이 고속도로는 1년에 딱 세 달, 6월부터 8월까지만 열리므로, 오직 인도 열도가 한껏 달아 오르는 여름 여행객들에게만 허락된 호사임을 기억해 두자!

리헬라 부부의
10시간 여행

© Teemu Riihela

헬싱키에서 배로 두 시간, 정확히 76킬로미터 거리의 바다를 가로지르면 에스토니아 탈린Estonia Tallinn에 도착한다. 배 안에는 핀란드 사람들로 북적거린다. 이들에게 탈린을 가는 건 어떤 의미일까 생각해본 적이 있다. 첫째, 아무 계획 없이 즉흥적으로 가는 여행. 둘째, 배 안에서 할인된 가격의 술을 사기 위한 여행. 그것도 아니면 흔한 주말 여행 정도로 나뉠 것이다. 헬싱키에 살고 있는 나와 남편 티뮤Teemu도 예외는 아니다. 가벼운 마음으로 부담 없이 가기에 적합한 이 여행지에 벌써 다섯 번째 방문이다. 남편은 어린 시절부터 셀 수 없을 만큼 자주 다녀왔다고 한다. 비록 흥분과 설렘으로 시작한 여행은 아니지만 찰랑이는 바닷물 너머의 탈린은 언제 봐도 매력적이다. 탈린과 헬싱키를 오가는 선박의 왕복 티켓은 24유로, 우리 돈으로 3만원이 조금 넘는 수준이다. 헬싱키에 있는 단 하나뿐인 놀이공원 린난마끼Linnanmäki의 자유이용권이 35유로, 핀란드 내 다른 도시로 떠나는 기차비가 보통 50유로 이상임을 감안하면, 이 여행의 가격 대비 효율성은 감히 최고라고 말할 수 있다. 무더운 7월의 어느 날, 우리는 다시 탈린으로 향했다.

7:30 AM | **헬싱키**Port of Helsinki Western Terminal**에서 탈린**Port of Tallinn**으로**
꽤 이른 시간이었지만 배 안에는 이미 많은 인파로 붐비고 있었다. 해가 일찍 뜨고 길게 머문다는 백야의 여름이 아니던가! 시간을 쪼개 하루를 일주일처럼 즐기고 싶었다. 푸른 발트해를 가르며 나아가는 풍경을 바라보고 있으니 청량음료수를 들이키는 것만큼 시원하게 속이 뻥 뚫렸다. 흔들리는 배 안에서 맥주를 들이키며 느긋한 여유를 부리는 북유럽 사람들의 모습을 구경하다가 불어오는 바닷바람에 졸음이 쏟아지려는 찰나, 목적지에 도착한다는 방송이 나왔다. 핀란드에서는 에스토니아를 비로Viro라고 불렀다. "벌써 도착이야?"
헬싱키나 탈린이나 항구 주변을 날아다니는 갈매기들의 목청 높은 울음소리는 비슷했다. 아담한 터미널, 특별한 절차도 없어서 다른 나라에 있는 건지 아니면 아직도 헬싱키인지 가늠할 수 없을 만큼 경계가 없는 상태. 신분증을 대신할 여권을 소지하고 있지만 유로화가 된 후로는 가방 속에서 잠자고 있을 뿐이었다. 탈린을 여행하면서 한번도 꺼내든 적 없는 물건을 들고 밖으로 나섰다. 불현듯 이것이 '여행'임을 일깨워주는 탈린의 공기가 한꺼번에 밀려 들어왔다.

9:30 AM | 툼페아 언덕 Toompea Hill**에서**

어수선한 항구 주변을 벗어나면 얼마 지나지 않아 올드타운Old Town에 입성한다. 이른 오전이었지만 길목마다 작은 시장이 펼쳐져 있었다. 먹음직스러운 제철 과일과 싱싱한 야채로 가득한 여름 시장은 활기가 넘쳤다. 나는 여느 때처럼 시내가 한눈에 보이는 툼페아 언덕으로 향했다. 탈린에서 가장 높은 이곳에 오르는 건 일종의 신고식이었다. 조금은 촌스럽지만 '또 왔어, 오랜만이야'라는 인사를 건네고픈 마음이랄까. 청명한 하늘 아래 서 있는 알렉산더 네브스키 사원Alexander Nevsky Cathedral을 지나 언덕배기를 오르다 보니 어느새 전망대에 이르렀다. 800년의 역사를 자랑하는 고풍스러운 구시가지 너머로 푸른 바다가 보였다. 붉은 지붕과 뾰족한 탑, 아기자기한 집들이 둘러싸인 나무숲 사이로 보이는 바다라니. '아름답다'는 말로는 부족한 순간이 있다면 바로 그런 풍경이었다. 에스토니아는 발트 3국의 가장 북단에 위치해 있는 곳으로 2백만 명이 모여 살고 있는 작은 나라다. 그중 탈린에만 40만 명이 넘는 사람들이 살고 있다고 하니 전체 인구의 30퍼센트가 밀집돼 있는 셈이다. 어쩌면 그보다 많은 숫자일지도 모른다는 생각이 들만큼 관광객들이 몰려들었다. 그리고 누가 먼저라고 할 것 없이 내기라도 하듯 포토 타임을 펼쳤다. 갑작스러운 인파에도 아랑곳하지 않는 갈매기들만이 항구와 이곳을 오르내렸다. 여러 나라에서 몰려든 관광객들을 이끄는 가이드의 소란스러운 함성에 나는 비로소 실감했다. '바다 건너 다른 나라에 왔구나!'

12:00 PM | 올드타운 Old town **안의 세상**

탈린으로의 첫 여행은 2007년 여름이었다. 7년 만에 보는 여름의 탈린임에도 모든 게 그대로다. 다시 그때로 돌아간 듯 그립기도 하면서 묘한 감정이 뒤

섞였다. 늘 같은 자리에 있는 식당, 나무 한 그루마저 그 배경이 되었다. 그동안 탈린의 사계절을 구석구석 경험한 나지만 다시 들뜬 기분은 어쩔 수 없었다. 사실 나는 봄의 탈린을 좋아한다. 옷 속을 파고드는 쌀쌀함은 여전하지만 여름처럼 붐비지 않고, 탈린의 모습 그대로를 온전히 받아들일 수 있기 때문이다. 그렇다고 겨울의 탈린이 매력적이지 않은 것은 아니다. 하얀 눈 속에서도 절대 감춰지지 않는 역사적인 정취가 건물에서 배어있다. 특히 시청 앞 광장에서는 풍성한 여름과는 또 다른 시장 풍경을 구경할 수 있다. 가을은 또 어떠랴. 촉촉하게 내리는 빗줄기 아래 우산을 쓰고 돌길을 밟는 기분은 꽤 낭만적이다. 그러다 예쁜 카페에 들어가 차 한잔 나누며 창밖을 감상하는 것도 놓칠 수 없다. 탈린의 여러 가지 모습을 본 나는 운이 좋은 사람이다. 물론 동화

속 세상으로 들어온 듯한 착각을 불러 일으키는 이곳에도 프랜차이즈 햄버거 가게가 있고, 최신 노래가 흘러나오기도 한다. 유네스코 문화유산으로 지정될 만큼 옛 모습을 간직하고 있지만, 시간이 흐르면 이러한 이질적인 모습조차 탈린의 역사가 되는 게 아닐까. 이 점만 인정하면 타임머신을 타고 완벽한 중세시대로 온 것 같은 기분이 들 것이다.

2:00 PM | 시청City Hall 광장을 거닐다

탈린의 구시가지는 세월의 깊이를 그대로 반영하는 건물들이 즐비했다. 특히 15세기부터 17세기까지 지어진 건물들이 마주하고 있는 시청 주변에는 여전히 발 디딜 틈도 없는 큰 시장이 열리고 있었다. 덕분에 11시에 가게 문을 여

는 주변 레스토랑들도 벌써 사람들로 북적거렸다. 과거부터 활발한 광장 문화를 이어온 유럽에서 제일 흥미로운 건 역시 장터 구경. 작은 콘서트가 열리는 곳에서 한참을 서 있다가 독특한 모자, 털실로 짠 핸드메이드 장갑과 양말 등 쏟아지는 수공예품을 구경하다 보니 시간 가는 줄도 몰랐다. 그러다 기념품을 파는 상점에서 나무로 만든 말 인형을 만났다. 동물이라면 눈이 반짝하는 내가 그냥 지나칠 수 없는 곳이었다. 끊이지 않는 수다와 웃음소리가 거리 곳곳에서 흘러나왔다. 무엇이 그렇게 그들을 즐겁게 하는지 슬쩍 옆에서 듣고 싶을 정도, 내 얼굴에도 어느새 미소가 걸렸다. 근심 따위는 없어 보였다. 붐비는 골목에서도 어느 누구 하나 서두르거나 짜증내는 기색 없이 그저 천천히 공간을 느낄 뿐이었다. 점심을 먹고 나오니 시나몬 향이 그윽하게 풍겼다. 시나몬 가루를 입힌 아몬드Cinnamon toasted almonds를 볶아서 팔고 있는 상인들 때문이었다. 사진을 찍으려고 했더니 주걱을 내 앞으로 내민다. 우선 맛을 보라는 것이다. 평소에는 시나몬을 좋아하지 않았지만 고소하고 깊은 맛이 내 입맛에도 잘 맞았다. 맛도 맛이지만 재미있는 중세 복식이 썩 마음에 들었다.

5:00 PM | 올드타운 밖의 세상

언제나 볼거리가 넘치는 구시가지를 빠져나오면 활쏘기 체험을 할 수 있는 곳들이 보인다. 남편과 한국의 수원성에 놀러 갔을 때 활쏘기를 한 것이 떠올랐다. 그다지 솜씨가 좋지 못했던 우리는 구경만 하다가 발길을 돌려야 했다. 형형색색의 독특한 건물을 품고 있는 올드타운과는 대조되는 바깥 지역은, 다양한 양식의 건물들이 자리잡고 있었다. 이는 지리적 위치상 덴마크, 스웨덴, 러시아, 독일 등 주변의 강대국들로부터 끊임없이 시달려야 했던 에스토니아의 아픈 역사를 보여주는 증거이기도 했다. 하지만 에스토니아 사람들은 그들만의 방식으로 끝까지 문화를 지켜냈고 지금의 아름다운 모습을 간직할 수 있었다.

7:30 PM | 집으로 돌아가는 길

낯설지만 낯설지 않은 도시 에스토니아 탈린. 조금은 불편한 돌길을 걸으며 짧다면 짧고, 길다면 긴 10시간 남짓한 여행이 내게 남긴 것은 무엇일까 생각했다. 이 하루의 시간은 헬싱키에서 보낸 당연한 일상들을 아쉽게 만들어버렸다. 할아버지의 할아버지, 그 할아버지가 살던 마을을 지키며 살아온 마음씨 좋은 사람들, 오래된 도시에서 자란 젊은 청년들의 생동감, 풍요로운 음식이 빠르게 흘러가는 하루를 붙잡고 우리의 지친 마음을 달랬다. 그래, 이 정도면 충분했다. 헬싱키로 향하는 배에 몸을 싣고 밖을 보니 백야로 인해 아직 빛을 잃지 않은 바다가 나를 집으로 데려다 주고 있었다. 10시간의 기억을 선명하게 남긴 채. "또 올게, See you around!"

올데 한자
OLDE HANSA

www.oldehansa.ee
주소. Vana Turg 1 10140 Tallinn

탈린의 올드타운을 방문하면 레스토랑 '올데 한자'에서 무조건 한끼를 해결하라고 말하고 싶다. 구시가지 중심부에 위치해있으며 전기대신 촛불이 내부를 밝혀준다. 식당 내부 분위기, 직원들 복장, 심지어 음악까지 중세시대의 완벽한 재현이라고 해도 과언이 아닌 이곳 앞에는 사람들의 이목을 끌어 모으려는 아름다운 여인이 연주하고 있다. 짓궂은 관광객이 여인의 어깨에 손을 올리고 사진을 찍어도 웃음으로 받아주며 연주를 이어간다.

당신의 손에
놓인 꽃

"엄마 꿈은 뭐야?" 대화 끝에 이어진 질문에 엄마는 알아듣지 못하는 외국어에 답이라도 하듯 머뭇거렸다. 결혼을 앞두고 있는 나와 대학을 갓 졸업한 동생, 퇴직 날짜를 받아놓은 아빠. 어쩌면 인생의 또 다른 페이지를 열게 될 가족들의 모습을 떠올리다가 대수롭지 않게 던진 말이었다. '꿈'이라는 단어가 주는 막연함에 골몰하는 모습은 아니었다. 자신이 원하는 게 무엇인지조차 쉬이 떠올리지 못하는 엄마를 보면서 오히려 당황한 건 내 쪽이었다. 일각의 침묵이 흐르고, 엄마는 갑자기 좋은 생각이라도 떠오른 듯 얼굴이 밝아졌다.

"네 아빠 퇴직하면 전원주택에서 살아볼까?"

예상치 못한 대답에 온 몸에 맥이 탁 풀렸다. 나는 엄마를 물끄러미 바라보았다. 오랫동안 직장생활을 하다가 건강 문제로 일을 그만둬야 했던 엄마는 다시 전업주부로 돌아온 지 2년 만에 부쩍 늙어 있었다. 일을 하면서 어떤 성취감을 느낄 새도 없이 집과 회사를 오가는 바쁜 생활 속에서 '꿈'이나 '자아현실'처럼 손에 잡히지 않는 단어들은 미처 들여다볼 겨를이 없었는지도 모른다. 자식들을 잘 키워내기 위해, 집안을 건사하기 위해 달려온 세월 동안 엄마가 '꿈'이라고 여겨온 건 일종의 목표 같은 것들이었다. 내가 알고 싶었던 건 흔히들 말하는 '인생 제2막', 잊고 있던 당신만의 '무엇'이었다. 전원주택은 절대 그것이 될 수 없었다. 어떤 바람이나 미래 계획 정도는 될 수 있겠지만, 몇 번을 다시 생각해도 그건 '꿈'이 아니었다.

그때의 충격은 결혼이라는 헤비급 펀치를 맞는 동안 잊히고 있었다. 얼마간 시간이 흘렀고, 나는 새로운 생활에 익숙해졌다. 크리스마스가 얼마 남지 않은 엄마의 생일, 우리는 여느 때처럼 저녁식사를 함께했다. 도란도란 대화를 나누다 보니 묻어두었던 그날의 기억이 다시 고개를 들었다. 나는 곤란할 것을 알면서도 굳이 과거를 캐묻는 짓궂은 연인처럼 똑같은 질문을 하고야 말았다. 엄마는 그때처럼 놀라지는 않았지만 여전히 고민하는 기색이 역력했다.

"한번쯤 파리에 가보고 싶다고 생각했어. 그림도 그리고 싶고."

결혼하기 전, 엄마와 단 둘이 여행을 가고 싶다는 말을 수없이 했었다. 나는 그게 바로 지금이라는 생각이 들었다. 엄마가 온전히 자신만을 위해 무언가 생각하고 결정할 수 있는 기회를 주고, 당신의 꿈은 없는 것이 아니라 잠시 잃어버린 것임을 알려주고 싶었다. 문득 프랑스 여가수 파트리샤 카스Patricia Kaas

의 노래를 읊조리던 엄마의 모습이 눈앞을 스쳤다. 하굣길에 나를 태운 차 안에서 나지막이 흥얼대는 목소리를 들으며 한번쯤 생각했던 것 같다. 언젠가 함께 파리에 가겠다고.

3월의 파리는 유난히 추웠다. 겨울이 지나간 것도, 봄이 온 것도 아니어서 '계절'은 이 낯선 도시에만 출몰하는 유령처럼 느껴졌다. 도착할 때부터 창밖을 두드리던 빗방울이 어느새 눈보라로 바뀌어 있었다. 앞도 잘 보이지 않는 파리의 첫인상은 휘슬러Whistler의 작품처럼 온통 무채색이었다. 날은 점점 어두워지고 있었고, 한겨울에 태어난 엄마는 유난히 추위를 많이 탔다. 우리는 무성영화의 등장인물처럼 잰 걸음으로 골목 어귀를 돌고 또 돌았다. 자신의 원룸을 빌려주기로 한 호스트 파브리스Fabrice와의 통화는 조용한 골목을 격양된 내 목소리로 가득 메웠다. 그는 끊임없이 숙소의 위치를 설명했지만 도무지 찾을 수가 없었다. 한국식 영어로 말하는 나와 프랑스식 영어로 말하는 그는 분명 같은 언어임에도 서로를 이해하지 못했다. 문득 얼마 전 읽은 소설《부다페스트》의 구절이 떠올랐다. '낯선 말을 배우려 하는 사람을 놀리는 건 금물이다.' 이 교활한 남자가 불어를 영어인 척 떠들면서 애타는 이방인을 놀리는 게 아닐까 하는 의심이 들었다. 안락한 불이 켜진 집 창가에서 곤경에 빠진 날 내려다보면서 말이다. 어두운 거리의 상점들은 하나둘씩 문을 닫았고, 엄마는 계속 괜찮다고 말했다. 골목 어귀에 위치한 슈퍼마켓 이름을 겨우 알아들은 파브리스가 도착했을 때 온몸이 흠뻑 젖어 있었다. 그는 오토바이를 타고 우리를 찾아 다니느라 가죽점퍼가 망가졌다는 말을 몇 번이나 반복했다. 숙소는 계속 서성이던 골목 바로 건너편에 있었고, 미안한 마음과 함께 안도의 한숨이 나왔다. 30대 후반쯤 되었을까, 말쑥한 외모를 지닌 그는 이맛살을 찌푸

리며 내게 보일러 사용법 따위를 설명하다가 곁에서 빙그레 웃고 있는 엄마와 눈이 마주치면 미소를 지어 보였다. 엄마는 특유의 상냥한 목소리로 조근조근 답하곤 했는데, 기껏해야 어설픈 영어로 '예스'라고 하거나 한국말 몇 마디가 전부였다. 어느 상황, 어느 누구 앞에서도 침착하고 다정한 엄마의 성격은 지구 반대편에서도 통했다(나는 이런 부분을 전혀 닮지 못했다). 어쨌든 서로 행복한 결말이었다. 그는 기분 좋게 집 열쇠를 넘겨주었고, 나는 현금을 건네주었다. 다시 오토바이를 타고 떠난 그를 여행이 끝날 때까지 보지 못했다.

다음 날도 계속되는 눈보라를 뚫고 가까이 있는 갤러리 비비안Gallerie Vivienne으로 향했다. 이곳을 비롯한 파리의 파사주Passage들은 복잡한 건물 사이 골목에 지붕을 얹은 공간으로 19세기 파리의 상권을 이끌었다. 고전적인 분위기가 흐르는 상점들 사이로 쭉 뻗은 복도를 거닐고 있노라니 거친 눈보라도, 무채색의 유령도 조금씩 멀어지고 있었다. 레스토랑과 꽃집, 카페가 즐비한 가운데 'Librairie'라고 쓰인 반가운 간판이 눈에 들어왔다. 그렇게 고서점의 뒷문으로 들어서자 마침내 차가운 무성영화가 끝나고 벨 에포크Belle epoque 시대의 따뜻한 공기가 우리를 감쌌다. 동그란 안경을 쓴 주인아저씨가 켜켜이 쌓인 책상 위로 머리를 내밀고 인사를 건넸다. 엄마는 고개를 끄덕이며 인사를 대신했는데, 나는 그것을 유연하게 받아 넘기지 못하고 속으로 꿀꺽 삼켜 버렸다. 머쓱한 미소만 짓고 책들이 가득 꽂혀있는 벽으로 눈을 돌렸다. 플로베르Gustave Flaubert의 소설 《마담 보바리》와 이웃나라 작가들의 번역본이 보였다. 좋아하는 영화의 한 장면을 되감아 보듯 눈으로 책등을 쓰다듬다가 《Paris》라고 크게 적힌 두툼한 책을 꺼냈다. 반질반질한 고서 목록은 아니었지만 파리의 곳곳을

그려 넣은 알록달록한 일러스트에 매료되었다. 어느새 곁에 다가온 주인아저씨가 아름다운 책이라며 서문을 펼치고, 그 안에 휘갈긴 서명을 가르쳤다. '장 콕토Jean Coctea.' 글을 쓰고 그림도 그렸던 영화감독이 추천하는 이 책은, 파리를 사랑하는 사람들이 모여 도시의 곳곳을 소개해놓은 여행기였다. 더욱이 책 제목이 'Paris tel qu'on l'aime'란다. 사전을 찾아보니 '있는 그대로 좋은 파리' 정도로 해석되었다. 영어도, 불어도 알지 못하는 엄마는 책장 사이에서 연신 종이를 쓸어 넘기고 있었다. 뿌연 책 먼지와 정체 모를 향수 냄새가 적절하게 섞인 이 낭만적인 공간에서 엄마는 한없이 상기된 뺨을 가진 소녀 같았다.

"엄마, 파리에서 가보고 싶었던 곳 없어?"
"처녀 시절에 뮤지컬 〈노트르담의 꼽추〉를 봤어. 흑백 필름으로 성당 모습을 보여주고, 그 앞에서 배우들이 연기를 했어. 그런데 내용보다 채소와 꽃이 가득하던 성당 뒤뜰이 제일 기억에 남네, 지금도 그대로일까?"

버스를 타고 남쪽으로 내려가기로 했다. 나는 떼쓰는 애처럼 파리 전경을 보기 위해 버스 2층에 올라가자고 종용했다. 여전히 추운 날씨였기에 그곳에 앉는 승객은 엄마와 나뿐이었다. 엄청난 바람에 결국 목도리로 둘둘 말아 양쪽 눈만 내놓았다. 그래도 신이 났다. 발 아래 놓인 파리가 신기해서 자꾸만 눈을 껌벅거렸다. 시테Cite 섬에 위치한 성당은 사진으로 보던 것보다 훨씬 거대했고, 성인과 순교자들의 모습을 빼곡하게 조각한 파사드Facade 앞에는 850주년을 맞아 공사가 한창이었다. 파리의 흥망성쇠를 함께한 8개의 종을 소리가 맑은 새 종으로 교체한다는 소식과 함께 전망대 설치로 매우 분주했다. 우리는 조용히 내부로 들어섰다. 어수선한 바깥과는 다른 세상에 들어온 듯 마음이

차분하고 고요해졌다. 커다란 장미 문양의 창으로 들어오는 빛 아래, 미사 준비를 하는 사제의 모습을 지켜보았다. 엄마는 말없이 두 손을 모으고 있었다. 어릴 때부터 엄마는 나를 위해 기도했고, 그 내용을 들려주곤 했다. 모든 것으로부터 멀리 떠나온 지금, 엄마는 무슨 기도를 하고 있을까.

먼 곳에서 들려오는 저 종소리
그리운 그 시절로 나를 데려가네
쏟아지는 햇살에 눈부신 엄마의 치마
알 수 없는 설렘은 일어나 내 가슴 뛰게 했지
엄마와 성당에 그 따듯한 손을 잡고
내 맘은 풍선처럼 부는 바람 속에 어쩔 줄 모르네

곱게 쓴 미사보 손때 묻은 묵주
야윈 두 손을 모아 엄만 어떤 기도를 드리고 계셨을까?
종치는 아저씨 어두운 계단을 따라 올라가본
종탑꼭대기 난 잊을 수가 없네
엄마와 성당에

성당을 나와 가파른 길 내려오면
언제나 그 자리엔 키 작은 걸인
엄마는 가만히 준비했던 것을 꺼내
그 걸인에게 건네주시며 그 하얀 미소
엄마와 성당에

- 조동익 〈엄마와 성당에〉

장미창 너머로 가면 뒤뜰이 나온다고 했다. 화려한 파사드나 경건한 본당과는 달리 인적이 드문 뒤뜰에는 작은 공원이 있었다. 엄마가 말한 채소나 꽃들은 없었지만 작은 울타리 안으로 잔디와 풀 포기가 자라있었다. 우리는 아까와는 반대로 밖에서 장미창을 바라보며 서 있었는데 바로 꼽추가 서 있던 자리라고 했다. 공원에서 잠시 앉아있다가 내가 짜놓은 빡빡한 일정에 따라 다시 움직였다. 영화에 나와 유명세를 탄 초록색 간판의 서점에 들러 한참을 구경하고, 맛있기로 소문난 식당에서 생선구이를 먹었다. 엄마가 미소 지을 때면 뿌듯한 기분이 들었지만, 추운 날씨에 계속 걸어 다니느라 지친 기색이 비치면 조마조마해졌다. 꽉 찬 하루를 마무리하고 다시 숙소로 돌아오는 길, 엄마가 무심코 던진 말에 작은 다툼이 생겼다.

"이제 엄마 나이에는 호텔에서 편안하게 쉬고 싶어지는 것 같아."
"그건 다른 사람들하고 똑같은 여행이잖아. 누구나 다 묵는 호텔방 말고 실제로 파리 사람들이 사는 집에서 잠도 자고, 음식도 해먹는 게 더 의미 있는 거야."
"호텔에는 우리 같은 여행자들도 많고 늦은 시간에도 지키는 사람들이 있는데…. 여긴 조금 외롭지 않니?"
"엄마를 위해 온 여행인데, 처음부터 그런 말을 해줬으면 좋잖아."
"너랑 이곳에 있는 것만으로도 엄마는 행복하고 즐거워."

엄마는 의견을 말한 것뿐인데 괜히 서운해졌다. 애초에 이 여행을 준비했던 이유라든지, 경제적인 타격을 무릅쓰고 감행한 용기 같은 것들을 떠올렸다. 기대만큼 만족스럽지 못한 여행, 춥고 힘든 날씨에 무작정 걷기만 하는 여행을

통해 엄마는 과연 얼마나 자신의 꿈에 가까워질 수 있을까, 이대로 아무런 소득 없이 돌아가야 하는 건 아닐까! 이런저런 생각에 갑자기 눈물이 쏟아졌다. 나를 달래보려던 엄마도 울었다. 서로를 배려해야 한다는 투철한 사명감에, 우리는 온전히 즐기지 못하고 있었다. 다음 날, 나는 결국 앓아 누웠다. 긴장이 풀린 탓인지 온몸에 힘이 없고 어젯밤 흘린 눈물로 얼굴이 잔뜩 부었다. 엄마는 간단히 먹을 것을 사온다고 했다. 같이 가자고 하는 나를 만류하고 하얀 문밖으로 사라지는 뒷모습을 멍하니 바라보았다. 사실 마켓은 바로 코 앞에 있었다. 그래도 걱정이 되었다. 제대로 돈 계산을 할 수 있을지, 길을 헷갈리는 건 아닌지, 동양인을 노리는 소매치기에게 위협을 당하는 건 아닌지. 이런 생각이 무색할 만큼 능숙하게 장을 보고 돌아온 엄마는 과일이 싸고 풍성하다며 칭찬을 늘어놓았다. 나는 반가움에 벌떡 일어났다가 이내 침대에 얼굴을 파묻었다.

엄마가 했던 말들을 곱씹어 조금은 느슨한 여행을 하기로 했다. 욕심내지 않고 천천히. 조급했던 마음을 내려놓고 나니 뿌연 안개가 걷히는 것처럼 선명해졌다. 더 많은 것, 더 좋은 것을 보여주기 위해 열심히 계획을 세우고 돌아다닌 건 엄마를 위한 게 아니라 내 마음을 위로하기 위해서였던 거다. 우리는 오래된 가게들을 구경하며 파리의 분위기에 취해 이리저리 돌아다녔다. 샹젤리제 거리와 에펠탑은 동경했던 것만큼 멋지지 않았고, 그곳에서 사진 한 장 남기지 않은 채 다시 좁은 골목으로 돌아왔다. 그러다 우연히 발견한 가게에서 마음에 드는 물건을 몇 가지 샀다. 나이 지긋한 주인장이 운영하는 그곳에서 엄마가 제일 좋아한 건 장미꽃을 살포시 잡은 손 모양의 책갈피였다. 평소 묵주를 모으는 취미가 있는 엄마는 묵주가 로사리오Rosario, 즉 '장미 다발'이라는 뜻임을 알고 있느냐며 책갈피를 매만졌다. 꿈을 갖는다는 건, 어쩌면 꽃 한

Cour de l'École des Beaux-Arts.

송이를 잡고 있는 여인의 마음 같은 것일 테다. 가까스로 손에 넣었나 싶다가
도 그 찰나의 아름다움이 사라질 것만 같아 불안한 마음. 그래서 더 간절하고,
알 듯 모를 듯 언저리를 맴돌게 되는 마음. 시들어가는 꽃처럼 처연한 엄마의
꿈은 어디 있는 걸까…. 우리는 출출한 속을 달래기 위해 양파와 감자를 푹 끓
인 스튜를 먹으러 갔다. 이제 특별한 행선지가 있는 것도 아니었다. 따뜻한 스
튜를 먹으면서 오랫동안 수다를 떨다 보니 마음 깊은 곳까지 따뜻해졌다. 엄
마는 길 건너편에 있는 작은 가게를 가리켰다. 서툰 그림을 몇 점 내놓은 것을
보니 가게라기보다 개인 작업실과 같은 공간이었다.

"저런 공간이 있다면 너무 좋을 것 같아. 그림도 마음껏 그릴 수 있겠지?"

"유진이가 미술을 전공한 건 엄마의 손재주를 닮아서야. 돌아가면 한번 그려
보자."

엄마는 한국에 돌아오자마자 작은 미술학원에서 그림을 그리기 시작했다. '나
는 잘 할 줄 모르는데…'를 되뇌는 엄마에게 입바른 말을 해주었다. 몽마르뜨
언덕의 화가들처럼 그저 자유롭게 그리면 된다고. 중요한 건 열정이라고. 며
칠 뒤 엄마가 수줍은 표정으로 그림을 한 점 들고 왔다. 학원에 걸려있는 어느
화가의 작품을 보고 그렸는데, 너무 어둡고 쓸쓸해 보여서 색을 바꿨다고 했
다. 한번도 정식 교육을 받지 않았지만 원근법이나 명암 처리 같은 것을 꽤 잘
해내서 강사에게 칭찬을 받았다고. 취미반에 등록한 지 단 열흘 만에 완성해
낸 엄마의 그림 앞에서 나는 어떤 말도 할 수 없었다. 그건 더 이상 시들어버
린 꽃도, 잡을 수 없는 꿈도 아니었다.

클뤼니미술관
MUSEE DE CLUNY

주소. 6 places Paul painleve 75005
Paris, 지하철 10호선 Cluny-Sorbonne
시간. 9:15 ~ 17:45 (매주 화요일 휴관)

소르본 지역을 서성이다가 우연히 발견한 클뤼니미술관은 루브르박물관
이나 오르세미술관보다 더 오래 머무른 곳이다. 유럽에서도 손꼽히는 중세
전문 미술관인 이곳은 오래된 작은 성의 모습을 하고 있다. 과거 클뤼니수
도원 수도사들이 숙소로 사용하던 건물을 그대로 보존해 르네상스 이전의
궁정과 수도 생활상을 볼 수 있다. 대표적인 작품으로는 〈일각수를 가진 귀
부인〉이라는 태피스트리가 있다. 15세기 것으로 추정되는 이 작품은 상상
의 동물인 유니콘이 등장해 신비로운 분위기를 자아낸다. 그 밖에도 스테
인드글라스와 조각품, 성물들이 전시돼 있는 방과 방 사이를 오가다 보면
오래된 중세 저택에 초대받은 느낌이 든다. 복잡한 관중 속에서 헤매이지
않고, 조용히 지나간 시간을 되짚어보고 싶은 여행자들에게 추천한다.

러브
프로젝트

고작 45일간의 여행을 준비하면서 여행보다 긴 시간이 필요하다는 건 이상한 일이었다. 나는 새학기를 맞은 학생처럼 비장한 마음으로 비행기에 올랐다. 공식적으로 네 번째 연애를 마친 어느 날이었다. 먼저 실패한 관계들을 떠올렸다. 관계에도 생명이 있다는데 내가 맺는 관계는 언제나 빠르게 타올랐다가 꾸준히 식어갔다. 내 안에서 풀리지 않는 수많은 의문을 잠재우기 위해 사람들을 만나서 무조건 말을 걸어보기로 했다. 사랑이 뭐라고 생각하는지, 무엇을 가장 사랑하는지. 사랑은 가장 오래된 주제이자, 가장 보편적인 주제였고, 당시 내게 가장 중요한 키워드이기도 했으니까.

여행의 시작은 런던이었다. 보름 동안 머물렀던 이곳에서 내가 한 일이라고는 아침에 일어나 미술관에 가는 것뿐이었다. 박물관 로비에서 점심을 먹고 있는데 귀엽게 생긴 동양 남자애가 말을 걸어왔다. "안녕, 나는 카즈오라고 해. 10일 동안 런던에서 여행 중인데 프로젝트를 하고 있어. 혹시 도와줄 수 있니?" 나와 같은 목적으로 온 아이였다. 일명 '스마일 프로젝트Smile Project' 중이라는 카즈오는 내게 언제 웃음이 나는지 물었다. 나는 고민하지 않고 '사랑할 때 웃는다'고 말했다. 그러면서 사랑이 뭐라고 생각하느냐며 되묻는 내게 '사랑은 웃는 것'이라는 답이 돌아왔다. 그를 시작으로 본격적인 프로젝트가 시작됐다.

"고마워, 카즈오."

낯선 곳에서 낯선 이들에게 말을 건다는 건 생각보다 많은 용기가 필요한 일이었다. 심호흡을 몇 번이나 했는지 모른다. 런던에서는 용기의 문제였고, 파리에서부터 이 무모한 도전이 조금씩 즐거워지고 있었는데, 독일어를 쓰는 도시로 가면서 언어의 문제가 생기기 시작했다. "안녕, 나는 한국의 대학생인데 프로젝트를 하고 있어. 도와줄 수 있니?"로 충분했던 문장에 혹시 영어할 줄 알아?"를 추가해야 했기 때문이다. 하지만 언어를 떠나 내가 키 작고 동글동글한 여자애라는 건 굉장한 장점이었다. 어린아이 숙제 봐주듯 모두가 친절하게 도와주었다. 다만, 사랑에 대한 생각만큼은 저마다 다른 모습이었다.

#1 나니Nani (대학생, 오스트리아 빈)

길을 잃고 헤매다가 이끌려온 미하엘 광장. 그곳에서 만난 나니는 여느 때의 나처럼 혼자 앉아 책을 읽고 있었다. 아날로그 카메라를 쓰고 있어서 서로 무척이나 반가워했던 기억이 난다. 광장 바로 앞에 있는 대학에서 도시계획을 전공하고 있다고. 휴일인데 학교에 나와야 했던 그녀는 짜증을 냈고 나는 웃음이 났다. 다들 똑같구나.

#2 빌리더키드Billy the Kid (상인, 이탈리아 로마)

이탈리아 남자들은 어른 아이 할 것 없이 어찌나 여자에게 친절한지. 스페인 광장에 앉아 사람들을 구경하고 있는데 할아버지가 먼저 말을 걸어왔다. 그는 매일 이곳에서 그림을 팔고 있다고 말했다. 로마가 좋은 이유가 그저 사람이 많아서라니, 그와의 서툰 대화.

"영어 할 줄 알아요?"

"그럼, 그럼!"

"나는 한국 대학생이고, 프로젝트를 하고 있어요. 도와줄 수 있어요?"

"그럼, 그럼!"

"사랑이 뭐라고 생각해요?"

"너를 사랑하느냐고?"

"사랑이, 뭐라고, 생각하나요?"

"나는 모두를 사랑하지."

"당신이 생각하기에, 사랑은, 무엇인가요?"

"나는 모두를 사랑하는데?"

"오케이. 한번 적어줄래요?"

"그럼, 그럼!"

사실 그는 영어를 할 줄 몰랐다. 그리고 이름 대신 밝힌 Billy the Kid는 뉴욕 출생으로 21년의 짧은 생애 동안 21명의 사람을 살해한 미국의 유명한 범죄자라는 걸 뒤늦게 알게 됐다. 이럴 수가!

This
LoVe
projet

너의일을
지금할수있다면
우려없는내게됐거부시
는 모든걸 넘써생각하
들고 TV를보다 드라마가
도 없는 과면은 보다 사
어 난 사랑하고 싶어서
너무있었나들버리고 왔다
내가 다가 갔다고 한술
바램같은 사람을 괜지
같것것 챈볼을 주고도
하고 매일 써워 하며 마지
막엔 결국 혼자남날♥
내가지금알고있노지
너롤보내기건에
알아더라면
우리혹시
굿라는
잠든

신송을 나비 한고
알았더라며 과면을
능켜 고고말았어 야무것
성도 이렇게 깨진걸살았
너와 함께 있고싶어서
난 이제내가보았다
너고고싶 지만 나가갔다
과적이 사람은 바뿐

cheilth MBache
Faye

I think love
good relateon
with every body
and so happiness
with your parents
and family.
Take care your
girls friedds.

#3 패트릭 Patrick.J (포토그래퍼, 프랑스 파리)

'나는 다르다'는 말은 전 세계 공통어라도 되나 보다. 소매치기를 만날까 봐 지하철에서 경계를 풀지 못하던 내게 소매치기처럼 말을 걸어오던 패트릭. 그리스에서 온 이 남자는 나이 많은 오빠처럼 나를 훈계하더니 가방에 있던 병맥주를 선물로 주고 내렸다. 나보다 나이도 어린 주제에. 하지만 패트릭 덕분에 여행 중에 누구를 만나도 경계하는 대신 먼저 웃어줄 수 있게 됐다.

"몸 조심해. 되도록이면 술 많이 마시지 말고, 담배도 피우지 말고, 낯선 사람과는 절대 말 섞지 마."

"너도 낯선 사람이잖아."

"당연히 나는 빼고!"

#4 존 Will St.John (미대생, 프랑스 파리)

모두가 '모나리자' 앞에서 플래시를 터뜨리는 가운데 한구석에서 조용히 그림을 그리는 남자. 미술전공자들과 유럽권 학생비자가 있는 사람에게 파리 시내는 아주 너그러운 작업 공간이다. 대부분의 미술관이 무료이기 때문. 존은 파리에 살고 있는 미술학도라고 했다. 방해하기 싫어서 물끄러미 구경하다가 잠깐 쉬는 틈을 타 옆으로 갔다.

"너무 멋지다!"

"고마워."

"학생이야?"

"응, 너는?"

"나도 한국에서 대학을 다니고 있어. 프로젝트를 하는데 도와줄 수 있어?"

"물론이지, 뭔데?"

"사랑이 뭐라고 생각해?"

"(1초도 망설이지 않고)Titien."

"응?"

"이 그림(내가 노트에 그린 하트 그림을 가르키며), 이게 사랑이라고 생각해."

#5 에바Eva (시계탑 직원, 체스키 부데요비체)

마을 전체가 유네스코 문화유산으로 지정되었다는 체스키 크롬로프Cesky Kromlov에 가려면 체스키 부데요비체Ceske Budejovice에서 열차를 갈아타야 한다. 아무 계획도, 생각도 없이 '그 체스키'에 가야겠다고 마음먹은 나는 무작정

'체스키'라고 써 있는 열차에 올랐다. 검색 한 번이면 바로 알 수 있었을 텐데 게으른 여행자는 도시가 어떻게 생겼는지, 이름이 뭔지도 정확히 몰랐으므로, '아 여기가 체스키구나. 생각보다 사람이 별로 없네'하며 돌아다녔다. 그러다 시계탑에 올라가 장난감 같은 건물들을 그리고 있는데 에바를 만났다. 그녀와 이야기를 나누다가 이곳은 체스키(크롬로프)가 아님을 알게 되었다. '이왕 이 렇게 된 거, 프로젝트나 하자!'

"에바, 너는 사랑이 뭐라고 생각해?"
"사랑? 어렵다…."
"네가 생각하는 걸 그냥 적어보면 돼."
"그럼 내려가서 나중에 봐. 쑥스러워."
"응 그럴게!"

그녀가 적은 사랑 노트에는 체코어가 가득해서 중간에 몰래 봤어도 전혀 알 수 없을 지경이었다.

#6 카밀Camille (화가, 프랑스 파리)
상상 속의 몽마르트 언덕은 푸른 잔디와 낭만이 가득한 모습이었다. 그러나 현실에서는 비둘기 배설물과 장사꾼들이 나를 기다리고 있었다. 분주하게 사 진을 찍어대는 사람들을 피해 지나가는데 인상 좋은 화가 아저씨가 말을 건 넸다.

"너를 그리고 싶어. 머리띠가 마음에 들거든. 원한다면 반값에 그릴게. 만약

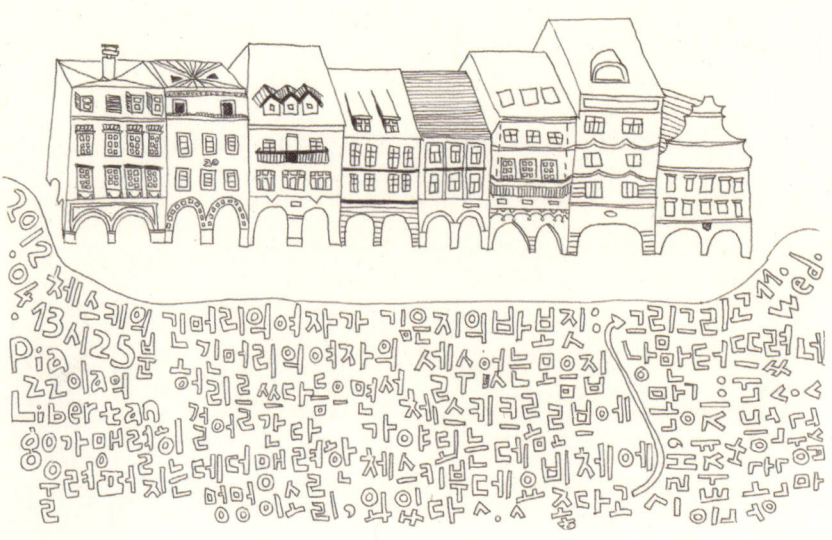

2012
04 체스키의 긴머리의 여자가 기은지의 바지지 :> 그리그리그 쓰더
13시 25분 긴머리의 여자의 세스 없는 모음집 낭만터 드려네
Pia 22.이라의 허리를 쓰다듬으면서 그구 없는 모음집 많으 :도
Libertean 걸어로 간다 체스키크로르 노비에 많으
웅가맬러히 걸어로 간다 가야되는 데 더 맬런한 체스키 부데 으비체에
우렁 퍼러지는데 맬런한 체스키 부데 으 좋다고 시이마

네가 내 그림을 원한다면 말이야. 네가 행복하지 않을 것 같다면 나도 괜찮다. 하지만 내 그림으로 행복했으면 좋겠어."

뻔한 상술인 걸 알지만 넘어가지 않을 수가 없었다. 행복을 주겠다는데, 기꺼이. 그림이 완성되고 나는 그의 말처럼 조금 더 행복해진 것 같았다. 아주 훌륭한 그림은 아니었지만 그와의 대화가 그저 즐겁기만 했다.

"고마워요 아저씨. 그런데 사랑이 뭐라고 생각하세요?"
"사랑은 빠지는 것!"

#7 차오 Qiao (네덜란드 유학생, 중국)

출국을 이틀 남기고 암스테르담 야간열차에 몸을 실었다. 여행의 끝자락에 열차의 간이침대까지 고장 나는 바람에 많이 지쳐 있었다. 한 살 어린 중국 여자아이 차오는 그런 내게 좋은 친구가 되어주었다. 암스테르담에서 유학을 하고 있던 그녀는 저녁을 같이 먹자며 동네로 나를 초대했다. 괜찮은 맛집이 있는가보다 싶어 숙소에 짐을 두고 찾아간 주소는 다름아닌 그녀의 집이었다. '여행하는 동안 밥 못 먹었지?'라며 뜨끈한 밥에 국, 고기 찜 요리를 내어놓는 차오의 모습에 눈물이 핑 돌았다. 오랜만에 친구네 집에 놀러 온 것처럼 수다를 떨다 숙소로 돌아가는 길, 바람은 찬데 마음이 따뜻해서 어쩔 줄을 몰랐다. 나는 그녀가 적어놓은 사랑을 물끄러미 바라보았다.

"사랑은 사람을 강하고 용감하게 만들어. 상처 따위는 잊고 삶을 더 의미 있게 살 수 있도록 해주거든."

사람들을 만나고 여행이 길어질수록 공유할 수 없는 시간도 늘어갔다. 두드리던 자판을 내려놓고 펜을 들었다. 조금 더 솔직할 수 있을 것 같아서. 여행 Travel이라는 단어는 2천년 전 그리스 로마 시대 때 죄인을 묶어두고 햇빛에 말려 죽이는 고문기구의 이름이었다고 한다. 가끔은 고문처럼 힘든 게 여행이라는 생각을 했다. 내가 마주치고 싶지 않았던 온갖 나의 모습들이 옆구리에서, 겨드랑이에서, 손가락 사이에서 빠져 나와 기어코 마주하고야 만다. 그럼에도 자꾸 떠나올 수밖에 없는 이유는 뭘까. 여행을 왔다가 로마에 정착해버린 아저씨는 모두 비우고 가라 했다. 많은 사람들이 많은 사연을 가지고 떠나온다고. 대포 같은 카메라에 많은 걸 담는 대신 스쳐가는 시간에 가지고 온 것들을 비워내면 돌아가서 새로운 걸 담을 수 있을 거라고 말이다. 나는 카메라를 내려놓았다. 죽기 전에 꼭 봐야 한다는 아말피 해안에서 카메라 셔터를 누르는 대신 무거운 눈꺼풀만 껌벅거렸다. 도망 같은 여행이라고 고백했지만 나는 아무것도 떠나오지 못했다. 모든 게 그립지만 어디에도 돌아가고 싶지 않은 날들만 계속되고 있었다.

그렇게 홀로 사랑을 찾아 떠났다가 돌아온 지 어느새 2년이라는 시간이 흘렀다. 그동안 나는 커다란 나무같이 한결 같았던 할아버지를 잃었고, 꽃처럼 연약해진 할머니 곁을 지켰으며, 허리디스크 수술을 했다. 물론 아픈 일만 있던 건 아니다. 너무 예뻐서 잠이 오지 않는 이층집으로 이사했고, 기특하게도 시집보다 어렵다는 취직을 해 이름 석자가 적힌 잡지가 여섯 권 나왔으며, 멋진 남자친구도 생겼다. 여행 같은 건 기억 어딘가에 묻어둘 만큼 많은 일이 있었지만, 밀린 일기를 쓰듯 꼭 한번은 꺼내보고 싶었다. 떠난 지 866일 만에 펼친 기억들에 나는 설레고 있었다. 지금 생각해도 관광지 대신 사람을 택한 건 잘한 일이었다. 우연한 일들, 생각지도 못한 사람들을 만난 이상한 여행이었지

만 세상은 넓고, 사람은 다 다르고, 그래서 참 예뻤다. 지금도 러브 프로젝트는 느리게 진행 중이다. 또렷한 정신으로는 용기가 나지 않아 술 한잔에 기대어 주변 사람들에게 사랑에 관해 묻곤 한다. 여전히 그건 내게 가장 중요한 키워드니까. 스스로 답을 내릴 수 있을 때까지 이 부끄러움을 감수해야지.

내셔널 포트레잇 갤러리
NATIONAL POTRAIT GALLERY

주소. St Martin's Place, London, WC2H 0HE

보통 관광객들은 내셔널갤러리에서 바로 영국박물관으로 넘어가는 경우가 많지만, 바로 옆에 붙어있는 이곳을 빼먹으면 후회한다. 각 분야의 유명 인사들의 초상화가 전시되어 있어 그야말로 사람에게 푹 빠질 수 있는 곳. 미술관 꼭대기에서 경치를 바라보며 먹는 홍차와 스콘을 추천한다.

퐁피두 센터
CENTRE POMPIDOU

주소. Place Georges-Pompidou, 75004 Paris

퐁피두 센터 앞 광장을 지나다 보면 책 한 권을 들고 누워 있는 사람들 사이에서 여유를 즐길 수 있다. 러브 프로젝트를 가장 많이 진행한 곳, 여기서는 누구든 자신의 이야기를 함께 나눌 준비가 되어있다.

레오폴드 미술관
LEOPOLD MUSEUM

주소. MuseumsQuartier, Museumsplatz 1, 1070 Wien

오스트리아 빈의 MQ지구 안에 있는 레오폴드 미술관은 세계 최대의 에곤 쉴레Egon Schiele 미술관이다. MQ지구 광장에는 레오폴드 미술관 말고도 예술센터들이 몰려 있어 다양한 매력을 가진 친구들이 모여든다.

씨게 달리지
않기

왜 자전거여야만 했을까, 지금 생각해보면 하루에 같은 시간이 주어지더라도 어딘가에 갇혀서 보내기는 싫었던 것 같다. 조금은 느리고 힘들지라도 지나가는 사람들을 만나고, 풍경과 인사하고, 원할 때면 언제 어디서든 쉬어갈 수 있기를 바랐다. 자전거라면 충분히 그런 여행길로 나를 데려다 줄 거라 믿었다. 언제부터, 무엇이 나를 자전거 여행으로 이끌었는지는 설명하기 어렵다. 다만 여느 남자아이들처럼 사진 속의 어린 나는 자전거를 타고 있었다. 대학 시절에 무작정 떠난 전국일주와 닷새 동안 다녀온 일본여행 그리고 3년간의 출퇴근 길에도 자전거가 있었다. 어떤 목적이 있어서라기보다 늘 함께해온 존재라고 하는 것이 맞겠다. 그래서 세계여행을 결심했을 때도 자전거를 두고 간다는 생각은 하지 않았다. 하나밖에 없는 아들이 멀쩡하게 다니던 회사를 그만두고 자전거 여행을 떠난다고 했을 때, 가족들은 걱정이 이만저만 아니었다. 취직하자마자 "지는 3년 뒤에 여행 갈게유" 하고 선전포고를 해놓고 천천히 준비했는데도 말이다. 어쩌면 다들 '녀석이 정말 갈까?' 하는 착잡한 심정으로 지켜봤는지도 모르겠다. 곧 백수가 될 아들에게 갑자기 선 자리를 주선한 부모님이 '결혼할 여자가 생기면 안 갈지도 몰라' 하는 마음이었던 걸 알면서도 나는 그 앞에 신붓감 대신 새로운 자전거를 데려왔다. 후지Fuji에서 나온 투어링 자전거, 당시 2012년도 모델이었다. 꽤 마음에 들었지만 이름 하나 붙이는 대신 그냥 '자전거'라고 부르기로 했다.

나는 대학을 졸업하고 흙살림연구소에서 일했었다. 농약이나 제초제, 비료, 가축 사료 등 합성 화학물질을 사용하지 않고 친환경적인 방법으로 농사를 짓는 유기농업을 배우고자 하는 이들에게 교육을 진행했다. 농부들의 일이 바쁠

때면 논밭에 나가 일손을 거들기도 했다. 그러다 보니 자연스레 여행을 준비할 때도 주제와 방법에 대해 고민했다. 억지로 의미를 부여하길 원한 건 아니지만 처음이자 마지막이 될지도 모르는 나의 긴 여행을 마음껏 누리고 존중하고 싶었다. 그러기 위해 아주 작은 시도이지만 여행이 끝날 때쯤에는 큰 변화를 불러올 것 같은 몇 가지 원칙을 세웠다. 첫째 휴지 안 쓰기. 평소 생활에서는 물론 화장실에서도 실천하기로 마음먹었다. 처음으로 물병 하나만 달랑 들고 화장실로 갔던 날은 믿을 수 없을 만큼 어색했지만 오히려 더 편하고 청결하게 마무리할 수 있음을 깨닫고 나서는 휴지에 손이 가지 않았다. 둘째, 농사일 돕기. 손에 흙을 묻히는 일에서 보람을 느끼는 내게 농사는 큰 재미이자 축복이다. 농사를 지으며 살아가는 현지 공동체에서의 생활은 놓칠 수 없는 경험이지 않겠나. 셋째, 천천히 가기. 여행은 경주가 아니기 때문이다. 빠르고 편리한 교통수단 없이 온전히 내 힘으로 하는 여행에서 자전거는 최고의 파트너가 되어주었다. 애초에 계획했던 기간은 2년, 그동안 모든 대륙에 가보고 싶었는데 이 원칙 때문에 정말 천천히 가다 보니 아시아를 도는 데만 꼬박 2년이 걸리고 말았다.

중국과 동남아를 거쳐 인도의 남쪽, 체나이Chennai에 다다랐을 때였다. 나는 네팔로 향하는 길이었고, 3개월 남짓 남은 체류기간 동안 부지런히 이동할 계획이었다. 미국인 친구 마이크의 갑작스러운 연락을 받기 전까지만 해도 모든 일정이 순조로웠다. "사다나 포레스트Sadhana Forest는 지금 네가 있는 체나이에서 가까워. 꼭 가봐!" 지도를 보니 체나이에서 더 남쪽으로 내려간 곳이었다. 나는 북쪽으로 가야 하는데 말이다. 하지만 계획은 언제나 뜬구름처럼 멀리 있게 마련이고, 자전거 여행자의 발걸음은 가볍기만 했다. 사다나 포

레스트는 나무를 심어 숲을 가꾸고 채식을 실천하는 봉사 공동체였다. 이곳을 거쳐 간 수많은 봉사자들의 힘으로 언덕 너머로 바다가 보였던 황무지가 울창한 숲으로 바뀌었다고. 이곳의 최소 체류기간은 4주, 남은 시간을 계산해 봤을 때 빠듯한 일정이었다. 하지만 결국 자전거 방향을 틀어 남쪽으로 향했다. "여행 중 4주는 조금 부담일지 몰라도, 내 인생에서의 4주를 생각하면 그리 나쁘지 않은데?"

나무를 가꿔야 하니 물을 저장하고 아껴 쓰는 일이 가장 중요했다. 모든 생활 하수는 물길을 만들어 나무에 돌아가도록 만들었기 때문에 화학약품이 들어간 비누나 치약은 사용하지 못했다. 샤워를 하려면 물이 가득 찬 양동이를 낑낑대며 옮겨야 하는 고충도 있었다. 호사스러운 샤워를 하려면 양동이 몇 개를 옮겨야 할까, 결국 물을 아껴 쓸 수밖에 없었다. 어두운 밤, 천정이 뚫린 대

나무 샤워장에서 별을 바라보며 씻는 재미가 없었다면 아마 조금은 투덜거렸을지도. 아침 일찍 일어나 나무를 심을 구덩이를 파고, 퇴비를 만들고, 물을 길어와 나무에 뿌리다 보면 하루가 금방 갔다. 그중 가장 기억에 남는 일은 생태화장실을 청소하는 일이었다. 우리가 매일 만들어내는 똥을 톱밥과 함께 섞어 퇴비를 만든 다음, 나무들이 잘 자랄 수 있도록 하는 것. 몸집만 한 양동이에 꽉 채워진 똥퇴비를 땅에서부터 끌어올리는 일은 무척 고된 일이었다. 10분 전 즈음, 누군가 만들어놓은 똥에 붙어있는 톱밥이 모래알처럼 날려 내 얼굴에 붙는 건 아닌지 조마조마하기도 했다.

힘들지만 보람된 일과를 마치면 식사 준비가 이어졌다. 채식이라고 해서 풀만 먹는 광경을 상상했는데 이곳의 식단은 예상 밖이었다. 다양한 국적의 사람들이 모여 있어 요리도 제각각이었다. 함께 일했던 이탈리아 친구는 화덕에서 피자를 굽는다고 했다. 치즈 없는 피자라니, 메마른 빵만 우적우적 씹어야 할까? 그런데 이게 웬일, 캐슈넛을 발효시켜 만든 치즈와 화덕의 향이 그대로 배어있는 고소하고 담백한 맛이라니. 그가 내온 피자는 내 생애 가장 맛있는 피자였다. 채식을 하니 시도 때도 없이 나오는 방귀에 놀라고, 보름쯤 되니 몸이 아주 가벼워졌다. 한 달이 되자 채식에 익숙해져 평소보다 많이 먹은 날에는 이러다 살이 찌는 게 아닌지 걱정이 될 정도였다. 사는 지역의 기후에 따라 채식과 육식의 균형을 잡아야 한다고 생각하던 나였지만 이곳에서의 경험으로 우리가 필요 이상의 고기를 소비하고 있다는 생각이 들었다. 사다나 포레스트가 인도에 정착한 지 이제 10여 년. 쓰나미 피해가 있었던 아이티에 하나, 저 멀리 아프리카 케냐에 또 하나가 만들어지고 있다는 소식이 들렸다. 숲 가꾸는 일과 채식에 관심이 있다면 이곳을 추천하고 싶다. 우리 인생에서 4주는 참

으로 짧은 순간이 아닌가.

자전거 여행의 가장 큰 매력은 내가 그토록 가고자 하는 목적지가 매 순간 지나는 바로 '그곳'이 될 수 있다는 점이다. 이 모든 걸 느끼기 위해서는 그저 천천히 지나는 수밖에 없다. 사방이 막힌 자동차와 비교했을 때 자전거는 사방이 다 열려있다. 자전거를 타고 동네를 지나는 여행자는 현지인들에게도 허물없이 다가갈 수 있는 반가운 손님이다. 라오스의 어느 시골 마을을 지날 때, 어디서 용케 나를 찾았는지 따라다니며 "싸바이디(안녕)." 하고 인사하던 아이들을 아직도 잊을 수 없다. 특별히 하루 이동거리를 정해놓지 않는 편이지만 예외인 경우도 있다. 첫 번째는 어느 마을에서 현지인 친구의 초대가 생겼을 때다. 한번은 말레이시아에 살고 있는 한 무슬림 친구의 초대를 받았다. 보통의 손님들처럼 따뜻한 밥 한 끼를 얻어먹고, 이틀에서 사흘 정도 묵다가 떠나겠거니 했다. 그런데 무려 40일을 머물렀다. 열대기후의 정글 한복판에서 지내기도 했는데 강물에 그물을 던져 물고기를 잡고 배를 타는 것이 하루 일과였다. 살면서 가장 자유로운 시간이었다. 내가 다녀간 이후에도 몇몇 자전거 여행자들이 이곳을 지나쳤고, 그들 역시 애초 계획과는 달리 보름이 넘도록 떠나지 못했다는 이야기를 전해 들었다. 두 번째는 비자 기간 때문에 어쩔 수 없이 국경을 통과해야 하는 경우다. 이때는 일정을 두고 하루하루 이동거리를 가늠하는데, 별일 없이 평지를 달린다고 가정했을 때 하루 60~80킬로미터가 가장 이상적이다. 이 정도면 아침 일찍 일어나 개운하게 달리고, 점심 식사 후 꿀맛 같은 낮잠을 자면서 하루를 즐길 수 있다. 그렇게 하루 종일 신나게 달리다가 길 위에서 서서히 물드는 하늘을 바라보면 마음이 차분해진다. 그러다 번뜩 한 가지 단어만이 뇌리에 남는다. '잠자리, 잘 곳!' 오늘은 어디서 잠을

자야 할까, 적절한 캠핑 위치를 찾기 위한 사투가 시작되는 것이다. 안전한 캠핑 장소를 찾는 일은 자전거 여행자의 일상이지만 가장 큰 고민이기도 하다. 아름다운 풍광을 자랑하는 숲 속 어딘가에 몸을 뉘이면 더 좋은 곳이 있을 것만 같은 행복한 고민에 빠지지만 거친 돌덩이가 많은 곳이나 자갈밭, 통행이 잦은 마을 어귀에서는 편안하고 조용한 장소를 찾기 힘들다. 물론 자연 한가운데라고 무조건 좋은 장소는 아니다. 거센 비와 바람이 괴롭히기 때문이다. 모래바람을 뒤집어쓰면서 부리나케 짐을 옮긴 적도 있고, 텐트 뼈대가 부러질 정도의 바람이 불 땐 몸만 겨우 들이민 채 텐트를 '덮고' 잔 적도 있다. 그래서 보통 내가 찾는 취침 장소는 물이 있는 곳, 비가 올 경우를 대비해 지붕이 있

는 공터 정도다. 화장실까지 고려한다면 아마 아이들이 집에 가고 없는 학교
가 가장 좋을 것이다. 간혹 물이 부족한 경우도 생긴다. 그럴 땐 지나는 마을
에 양해를 구하고 빈 병에 물을 채워 자전거에 싣는다. 1.5리터 물 한 병이면
샤워도 하고, 요리도 해먹고, 다음 날 아침까지 충분하다. 손수건에 물을 적셔
얼굴, 머리, 몸, 다리, 발 순으로 닦는데 그리 많은 양이 필요치 않다. 내 모습
이 조금 누추해 보여도 몸을 씻지 않고 여행한 적은 한 번도 없었다.

"자전거 여행이요? 힘들지 않아요?" 열이면 열, 백이면 백. 유독 한국 사람들
이 자주 물어오는 질문이다. 그런 건 젊을 때나 한번 해보는 것이라며 쉽게 선
을 긋는 사람들도 많다. 나는 그때마다 길에서 만난 사람들을 떠올린다. 쌀집
자전거로 산을 오르는 50대 아주머니, 고도 5000미터의 길을 지나는 백발의
할아버지, 험한 길을 놀이터처럼 오가는 꼬마들까지. 그저 자신의 몸이 허락

하는 대로, 쉬고 싶으면 쉴 수 있는 길을 가는 데 다른 말은 필요 없었다. 여행을 하면서 '잠은 어디서 자, 짐이 너무 많아' 하는 식의 걱정보다는 천천히 자신의 발걸음을 따라가보자. 어느새 세상이 한 발짝 더 가까이 와 있음을 느낄 수 있을 테니까.

여행자의 짐꾸리기

짐을 가볍게 하는 것은 모든 여행자들의 딜레마가 아닐까, 나 역시 짐을 줄이고자 버너를 비롯해 조리도구는 갖고 다니지 않았다. 그간 여행한 중국과 동남아 지역은 직접 요리하는 것보다 사 먹는 음식이 더 맛있고 금전적으로도 부담이 덜했다. 말레이시아처럼 더운 지방에서는 침낭마저 필요 없었다. 하지만 꼭 가지고 다니는 것들이 있다. 바로 카메라와 일기장 그리고 전자책이다. 처음에는 짐을 줄이겠다며 책들을 빼고 여행하다가 이미 몇 번이나 읽은 책 한 권만을 앞에 두고 멍하니 앉아있곤 했다. 그러다 전자책을 구입하고 나서 난생처음 열 권짜리 장편소설을 독파했다. 바로 조정래 작가의 《태백산맥》시리즈, 다음 목표는 김경리 작가의 《토지》다. 자전거 앞뒤로 짐을 올리기 위해서는 가방마다 무게를 잘 나누어야 한다. 왼쪽이 더 무겁다면 항상 기울어진 채 묘한 자세로 달리게 될 테니 말이다. 여행 초기에는 별다른 생각 없이 짐을 꾸려 자전거 뒤에 실었다가 내 몸무게까지 더해져 뒷바퀴에 모두 금이 가는 사고가 발생했다. 그 이후 무거운 짐들(전자제품, 텐트, 책)은 모두 앞쪽으로 옮겼고, 가벼운 짐들(옷가지와 침낭)은 뒤로 옮겨 뒤를 가볍게 했다. 짐 꾸리는 노하우는 직접 해보면서 자연스레 습득하면 된다.

WARM SHOWERS

www.warmshowers.org

배낭 여행객들이 많이 애용하는 카우치서핑CouchSurfing과 마찬가지로 자전거 여행객만을 집으로 초대하는 커뮤니티가 있다. 따듯한 마음과 함께 따듯한 하루 잠자리를 책임져주는 Warm showers. 자전거 여행을 떠나고 싶은 사람이라면 이용해봐도 좋겠다. 반대로 한국을 여행하는 외국의 여행자들을 친구로 초대해보는 건 어떨까?

시기리야,
세상의 꼭대기에서

스리랑카로의 여행, 처음에는 내키지 않았던 게 사실이다. 낯선 장소에 대한 설렘과 기대, 두려움을 극복할 때의 짜릿함이야말로 여행의 묘미가 아니던가. 3년간 남인도 지역에서 일하며 그 문화에 이미 익숙해진 내게 스리랑카는 그 다지 매력적인 여행지가 아니었다. 하지만 언젠가 '그것'을 본 이후 생각이 달라졌다. 위풍당당한 모습으로 우뚝 서 있는 난공불락의 요새, 시기리야Sigiriya. 나는 무성한 초록 숲 위로 우뚝 솟아오른 바위산에 사로잡혔다. '시기리야'라는 이름은 '사자 바위'라는 뜻으로, 사자의 모습을 한 높은 절벽 때문에 일명 라이언 록Lion Rock으로 불린다. 스리랑카의 고대 왕조 카샤파 1세가 지은 이곳은 웅장한 모습만큼이나 광기 어린 비밀을 갖고 있다. 왕위 계승권 때문에 부친을 살해하는 패륜을 저지른 카샤파가 세상의 눈을 피해 숨어 살던 천혜의 요새였던 것. 동생의 보복이 두려워 도망쳤고, 이후 전의를 상실한 채 서서히 미쳐가던 그는 결국 자살을 선택했다고. 주변에는 초록색 이불 같은 밀림에 띄엄띄엄 늘어서 있는 돌산들을 볼 수 있었다. 카샤파도 이중 하나에 자신의 불안을 잠재울 성채를 지었던 것이다. 하지만 이제 그 흔적이 모두 사라지고 터만 남아 역사를 기억하고 있었다. 시기리야를 차치하고서라도 '인도의 눈물(현지인들은 망고 모양이라고 하지만)'이라는 애달픈 별명이나 내가 거주하는 지역에서 비행기로 1시간 남짓 거리에 있다는 위치상의 장점이 내게 떠나야만 하는 이유를 만들어주었다. 그리고 얼마 후, 나는 스리랑카로 향했다.

수도인 콜롬보Colombo에 도착한 시각은 새벽 4시, 일단 이곳에서 하루를 보내고 시기리야행 계획을 세우기로 했다. 가까운 곳이라서 너무 마음을 놓고 온 걸까, 무거운 짐을 이끌고 시기리야까지 갈 엄두가 나지 않아 다음날 렌터카를 빌렸다. 얼마나 달렸을까. 문득 창밖을 보니 그제야 스리랑카의 풍경이라든지, 현지인들의 일상이 눈에 들어왔다. 냇가를 두고 양쪽으로 늘어선 자그마한 집들, 뭔가를 잔뜩 싣고 흘러가는 나룻배, 아이스크림이나 과일 따위가 놓여있는 자그마한 카트, 혼잡한 시장에 돗자리를 깔고 물건을 파는 상인들, 허리에 레이스가 달린 사리를 입은 여자들…. 그렇게 한참을 들여다보는 동안 어느새 울창한 산길과 작은 마을, 익숙한 논밭을 지나 시기리야에 도착했다. 사실 출발 전에 콜롬보 기차역에 들러 이것저것 알아보느라 시간이 많이 지체되었다. 이러다가 시기리야에 오르지 못하는 건 아닌지 조바심이 났다. 해가 지고 나면 도저히 그 높고 가파른 곳에서 내려올 수 없어 저녁이 되면 입장을 금하고 있기 때문이었다. 다행히 시간은 적당한 오후, 뜨거운 태양도 서쪽으로 넘어가는 때라 산행하기에 아주 좋은 시간이었다. 스리랑카는 아주 더운 열대기후이기 때문에 사시사철 덥다고 하지만 한겨울에도 햇살이 강렬했다.

낮에는 감히 산행을 할 수 없을 정도여서 아침이나 저녁시간을 이용해야 한다고.

시기리야 일대는 세계 각지에서 모여든 관광객들로 북적거렸다. 가는 길에는 고대 왕조의 아름다운 정원이 펼쳐져 있었다. 그 주위에는 해자(성 주위에 둘러파서 못으로 만든 곳)가 있었는데 가끔 악어가 나오기도 하므로 수영이나 물놀이는 절대 금지였다. 마치 바위를 떠받치듯 넓은 평원이 펼쳐져 있고, 잔디와 나무가 자라나 건물이 무너진 공간을 메우고 있었다. 높다랗게 자란 열대 나무가 눈부시게 푸르른 정원, 웅덩이마다 파란 하늘과 구름이 가득 담겨 있었다. 천천히 길을 따라가다 보니 쭉 뻗은 숲 속으로 가파른 돌산이 하나둘 모습을 드러냈다. 절벽 사이로 움푹 파인 동굴도 여럿 있었다. 좁은 공간에 길이 난 모양 때문에 사람들은 '코브라 동굴'이라 불렀다. 동굴을 빠져나오니 이번

에는 까마득한 높이의 계단이 나를 기다리고 있었다. 셀 수 없이 많은 계단을 부지런히 올랐다. 서서히 높아지는 걸 느끼기는 했지만 문득 고개를 들어 주변을 둘러보았을 때 확연히 달라진 풍경에 놀라움을 금치 못했다. 우리가 지나온 평평한 터가 한눈에 다 보이기 시작했으며, 그 위를 걷는 사람들이 개미처럼 작아져 있었다. 나는 절벽에 기대어 선 채 잠시 그 모습을 감상했다. 하지만 요새의 입구까지 가려면 이제부터가 시작이었다. 절벽을 따라 박아놓은 철제 계단이 유일한 길이었는데, 아주 좁아서 한번에 한 사람씩 통과해야만 했다. 오로지 손잡이와 디딤대에 의지해 아슬아슬하게 한 발 한 발 나아가다 보면 계단 사이로 아찔한 광경이 펼쳐졌다. 회전계단처럼 높은 벽을 빙글빙글 돌며 올라가는 구간에서는 사람들이 마치 각자의 몸에 꼭 맞는 우리 속에 갇혀 있는 것처럼 보였다. 걸어온 길은 더 이상 보이지 않고 저 멀리 숲과 호수

만이 보였다. 아름답지만 공포스러운 기분도 함께 들었다. 직각으로 깎아지른 무시무시한 절벽에 매달려 한참을 가다 보니 어느덧 벽화 앞에 다다랐다. 1500년의 역사를 자랑하는 '미인도'였다. 유록색과 황금색 피부의 여인들이 화려한 장신구를 걸친 채 야릇한 표정으로 나를 바라보고 있었다. 지금은 그들의 일부만 남아있지만 나머지 모습을 상상하기에 무리가 없었다. 미인도는 동서고금을 막론하고 모두 하나쯤은 갖고 있는 문화재다. 미에 대한 기준은 다르지만 그 나라 장인의 손 끝에서 탄생한 미인들의 모습은 어딘지 모르게 신비로운 느낌이 닮아 있었다. 나는 다시 정상을 향해 발걸음을 옮겼다. 요새까지 가는 길은 여전히 멀고 높기만 했다. 벽을 따라 계단을 오르고 다시 산길에 닿아 수십 개의 벽돌 계단을 또 올랐다. 그러다 마침내 저 멀리 입구가 보이자 길을 함께 오르던 사람들이 작은 환호성을 질렀다. 정상이 머지 않았다는 안도의 한숨 한 번, 막바지 가파른 계단을 오르면서 절망의 한숨 한 번. 다들 그렇게 옹기종기 모여 같은 심정을 공유했다. 입구에는 큰 발톱이 달린 사자의 앞발이 지키고 서 있었다. 암벽을 깎아 만들어 앞발까지만 조각돼 있었는데, 마치 나머지는 돌산에 서서히 흡수되고 있는 것처럼 보였다. 커다란 사자는 그 자체만으로도 오묘한 자태를 풍겼다. 어른 한 명이 발톱 하나를 겨우 가릴 수 있을 만큼 거대한 규모였다. 그 묵직한 양 발로 요새를 수호하며 아주 오랜 시간 동안 임무를 해내고 있었으리라.

입구를 지나 정상을 향해 가는 길목, 산 중턱이었지만 주변에 산맥이 있는 게 아니라 시야에 걸리는 것 하나 없이 탁 트인 경치를 만날 수 있었다. 주변에는 낮은 밀림과 호수만이 있어 먼 곳까지 한눈에 내려다보였다. 구름이 눈앞에 떠 있고, 하늘과 땅이 맞닿고, 바닥은 온통 보송보송한 풀색 카펫이 깔려 있는 것만 같았다. 나는 철제 계단 아래로 또 다른 돌계단이 차곡차곡 쌓여 있는 걸

발견했다. 왕이 살던 시절, 이 요새에 살던 사람들이 이용했을 법한 이 돌계단
은 어디로 이어지는 걸까, 어쩌면 요새의 은밀한 곳까지 파고들 수 있을지도.
바람은 머리칼을 휘젓고 삐걱거리는 철제 계단을 흔들었다. 지구 반대편에서
동양의 신비를 찾아온 여행자도, 검은 눈의 배낭 여행자도, 단체 관광객도 그
리고 스리랑카 현지인들도 이 엄청난 바위를 오르고자 애쓰는 더없이 작은 존
재들이었다. 앞사람의 헉헉대는 숨소리를 들으며 눈이 마주칠 때마다 조심하
라는 인사를 잊지 않는 우리를 태운 공중 계단은 그렇게 정상까지 쉬지 않고
이어졌다.

영원히 끝나지 않을 것만 같던 가파른 계단 너머, 드디어 바위산 정상에 닿았
다. 광기의 왕이 세상으로부터 도망친 요새에 다다른 것이다. 꼭대기는 평평
하고 너른 광장 같았다. 아주 오래 전, 전쟁으로 이미 모든 것이 파괴된 이곳
은 바닥에 그 흔적만이 드문드문 있었다. 황량했다. 그때 수천 킬로미터를 여

행하던 바람이 들이닥쳤다. 바람은 순식간에 땀을 식히고, 이전의 시간을 날려 보냈다. 초록색 숲은 어느새 오렌지색으로 물들었다. 사람들은 각자의 그림자를 늘어트리고 풍경에 취해 한참이나 말없이 앉아 있었다. 바위는 그 일대에서 제일 높았기 때문에 그 위에 서 있으면 마치 하늘에서 땅을 내려다보는 듯했다. 고개를 돌리면 해가 뜨고 지는 모습을 가장 가까이에서 볼 수 있는 곳. 모든 것을 잃은 왕이 어째서 이렇게 높은 곳에 요새를 짓고 틀어박혔는지, 왜 외로움을 끌어안고 혼자 남기로 작정했던 것인지 조금은 알 것 같았다. 바람만이 머물다 가는 이곳은 지극히 평화로웠고, 세상을 가만히 내려다보는 일 또한 정말이지 감동이었다. 마치 초월적인 존재라도 된 듯한 기분이었다. 그도 이런 마음이었을까? 자신이 버린 대지에서 멀리 떨어져 이전의 모든 죄를 용서받고 싶었던 건 아니었을지. 속세의 모든 희로애락을 잊고 이 아름다운 풍경 속에 그저 동화되고 싶었던 건 나뿐만이 아닌 듯하다.

시기리야 빌리지 호텔
SIGIRIYA VILLAGE HOTEL

www.sigiriya-village-sigiriya-sri-lanka.ko.ww.lk

콜롬보에서 시기리야를 찾아갈 때, 렌터카를 이용할 수도 있지만, 캔디Kandy라는 도시로 기차를 타고 두 시간가량 달린 후, 릭샤나 일일 택시를 이용하면 비교적 저렴한 경비로 목적지에 도착할 수 있다. 스리랑카에서는 너무 짧은 하의는 입지 않는 것이 예의며, 대부분의 절이나 사원을 들어갈 때 맨발로 입장한다는 점을 기억하자.
하루를 묵을 계획이라면 '시기리야 빌리지 호텔'을 추천한다. 시기리야의 자연과 정취를 느낄 수 있는 이곳은 건물 정면으로 시기리야 록이 보이는 최고의 전망을 자랑하며, 자연친화적인 방갈로 형태로 이뤄져 있다. 호텔 내부에는 수영장과 레스토랑 등의 편의시설이 있다.

먼 곳에의
그리움

페른베Fernweh는 '먼 곳에의 그리움'이라는 뜻의 단어다. 스무 살 무렵 전혜린의 수필집에서 이 단어를 봤을 때의 심장박동을 잊을 수 없다. 우리말로는 여러 단어를 사용해서 의미를 전달해야 하는 이 단어가 단 하나로 표현된다는 사실에 적잖게 놀랐었다. 생각해보면 누구나 먼 곳에의 그리움을 지닌 채 살기에 이런 단어가 필요했던 게 아닌가 싶다. 설사 그곳이 한 번도 발을 디뎌본 곳이 아니라 할지라도, 이상하리만치 동경하게 되는 그런 곳이 하나쯤은 있지 않은가? 나에게 그런 곳은 프랑스였다. 너무도 먼 땅에 사는 나에게 '그곳이 그립지 않니?' 하고 수많은 예술가들이 말을 걸어왔던 거다. 그리고 나는 그 부름에 고개를 끄덕이며 무언가에 홀린 듯이 프랑스로 떠났다. 많은 이들이 '프랑스' 하면 '파리Paris'를 떠올린다. 물론 파리는 많은 사람들의 사랑을 받을 이유가 충분한 아름다운 도시다. 하지만 기차를 타고 프랑스의 남부를 향해 달리다 보면 파리와는 전혀 다른 경관이 펼쳐진다. 초록 숲, 파란 호수와 조화를 이루는 빨갛고 노란 집들, 더불어 에메랄드 빛과 짙은 파랑이 층을 이루는 지중해까지, 같은 나라라고는 믿기 힘든 다양한 도시들이 서로 다른 색을 발한다. 그 속에서도 유독 강렬한 색감을 지닌 도시가 있다. 반 고흐Vincent van Gogh가 사랑에 빠졌던 그곳, 아를Arles이라 불리는 남부의 작은 마을이다.

아비뇽Avignon 여행 중에 모로코에서 온 가족을 만났다. 그들은 아비뇽에서의 일정이 이틀 이상이라면 하루는 꼭 아를에 갔다 오라고 일러주었다. 파리에서 아비뇽까지 기차를 타고 세 시간을 달려 밤늦게 숙소에 들어간 나에게 그들은 빵과 치즈를 건네며 가족의 일원처럼 친절하게 대해주었는데, 낯선 사람들에게서 느끼는 익숙한 친절함은 여행을 더욱 풍성하게 만들었다. 다음 날, 아비뇽의 숙소 앞에서 따끈한 빵을 사서 아를로 가는 왕복티켓을 끊었다. 아를은 워낙 작아 서둘러 가면 하루 일정으로도 충분할 것이라는 모로코 친구들의 조언에 일찌감치 출발했다. 아를역에 도착하면 호화로운 유람선들을 등에 업은 론강Rhone River이 가장 먼저 사람들을 반겨준다. 사실 아비뇽에서도 이미 눈에 익혀둔 강줄기인지라 처음에는 큰 감흥을 느끼지 못했다. 론강을 따라 걷다 보니 머지않아 돌담에 붙은 고흐의 작품 〈별이 빛나는 밤에〉가 보였다. 어설프게 지나치려 했던 풍경은 사실 너무도 아름다운 것이었다. 단 하루가 허

락된 이번 여행에서 별이 빛나는 밤과 그 별이 비추는 강을 보지는 못했지만, 다음번에는 꼭 야경을 보리라고 다짐했다. 누군가 정말 마음에 드는 여행을 할 때는 모든 장소를 다녀오는 게 아니라 하나쯤은 보지 않고 돌아오라고 했던 말이 떠올랐다. 그렇게 해야 다음에 또 그곳을 찾을 구실이 생긴다는 것이었다. '에이, 거기 한번 갔었잖아'가 아니라 '아, 그때 거기 못 봤었지!'가 되기 때문이다. 아를은 내게 그런 곳이 되었다. 어떤 이유를 만들어서라도 살면서 다시 한 번 찾고 싶은 곳.

생각해보니 공교롭게도 내 인생 첫 전시회는 서울시립미술관에서 열렸던 〈반고흐전〉이었다. 처음으로 먼 서울의 미술관까지 찾아갔던 것이 열여덟 살 무렵의 일이다. 꽤 오랜 시간이 지난 지금도 노랑과 파랑이 유독 많았던 묘한 색감의 그림들과 금방이라도 살아 움직일 듯이 굴곡진 붓의 흐름은 강렬하게 기억 속에 남아있다. 그서 기억의 일부에 지나지 않던 고흐의 그림이 실제로 내 눈앞에 펼쳐지자 아를을 바라보던 그의 시선이 점점 궁금해졌다. 그림 속 배경이 된 아를을 보고 고흐는 '색들이 기지개를 켜는 것 같다'는 표현을 썼다고 한다. 그래서인지 그는 아를에서 머물렀던 고작 15개월의 시간 동안 색감이 두드러지는 2백여 점의 그림을 그려냈고, 그의 대표작이라 불리는 작품 대다수가 이곳에서 탄생했다. 〈밤의 카페 테라스〉, 〈노란 방〉, 〈해바라기〉, 〈별이 빛나는 밤에〉 모두 여기에 속한다.

나는 백 년도 넘는 시간을 돌이켜 고흐의 시선을 따라 골목골목을 걷기 시작했다. 걷다 보면 길바닥에 각기 다른 화살표를 만나게 되는데 여행자들을 위한 여러 가지 테마의 루트라고 보면 된다. 고흐의 흔적을 찾는 길, 고대 유적지들을 만나는 길 등 취향에 따라 선택하면, 테마에 맞는 장소들을 편하게 볼

수 있다. 나는 특정한 루트를 따라 걷기보다는 발걸음이 닿는대로 골목을 누볐다. 길을 잃는 것은 전혀 문제가 되지 않았다. 골목마다 늘어선 집들은 향긋한 꽃과 풀들로 둘러싸여 그곳에 사는 사람들을 상상하게 했고, 작은 갤러리와 벽의 낙서들이 시선을 붙잡아 잠시도 지루하지 않았다. 하나같이 낡고 비슷하게 생긴 건물들인데도 서로 다른 개성을 보여주는 것이 신기하기만 했다. 남의 집 대문을 찍어대며 얼마나 감탄해댔는지. 그러면서 한국에 있는 나의 집과 공간들을 떠올렸다. 그저 편하면 된다는 심보로 청소도 제대로 해주지 않았던 나의 공간들, 그곳을 나의 취향대로 꾸민다는 건 일상 속 소소한 행복일 수 있겠다는 생각이 들었다. 꽃으로 풍성하게 꾸며놓은 집 앞을 큰 빗자루로 쓸어내는 아주머니, 비누방울을 불며 아이들과 놀아주는 아저씨, 까르르 소리를 내며 뛰어다니는 동네 꼬마들, 갈색 머리를 흩날리며 자전거를 타는 여인. 이방인의 눈으로 본 그들은 소박하지만 아름다운 마을 안에서 더없이 행복해 보였다. 그곳의 모든 냄새, 소리, 빛들이 너무도 여유롭고 사랑스러워 문득 이곳에 일부가 되어 살고 싶다는 생각마저 들었다. 왜 네덜란드인인 고흐가 이 외딴 마을에 머물면서 그토록 많은 그림을 그렸는지 이해가 되는 순간이었다. 고흐 역시 먼 곳에의 그리움에 이끌려 이곳에 우연히 들렀다가 지금 나와 같은 감정을 느끼고 마음을 빼앗긴 것이 아닐까? 하지만 아를의 아름다운 풍경과 고흐의 그림 속 풍성한 색감 뒤에 감춰진 당시 고흐의 삶은 그다지 아름답다고 할 수 없었다. 고흐가 아를에 왔을 무렵에는 이미 계속된 생활고와 거듭된 사랑의 실패 탓에 심신이 많이 지쳐있던 상태라고 한다. 그런 그가 원했던 것은 소박하지만 강렬한 이곳에서 동료 고갱과 함께 그림을 그리는 일이었다. 하지만 둘의 잦은 다툼으로 인해 고갱은 금세 이곳을 떠나고, 혼자 남겨진 고흐는 압생트Absinth에 의존하며 점점 더 피폐한 삶을 이어갔다. 어떤 사

람들은 밤의 카페 테라스의 화려한 색감이 그가 압생트에 취해 바라본 모습일
지도 모른다고 말한다. 그는 머지않아 생레미St. Remy 정신병원에 들어가 10개
월 남짓을 보낸다. 그 와중에도 붓을 놓지 않은 그를 생각하면 감탄을 내지를
수밖에 없다. 더 놀라운 것은 백 년을 훌쩍 넘긴 아직도 이러한 고흐의 흔적이
고스란히 그곳에 남겨져 있다는 점이다. 〈밤의 카페 테라스〉의 배경이 된 카페
도 아직 그 자리에 있고, 그가 입원했던 요양원은 문화센터로 이용되고 있었

다. 게다가 '빈센트'라는 이름을 내건 갤러리에서는 예술가들의 전시가 한창
이었다. 또 제2의 반고흐를 찾는 포스터들이 여기저기 붙어있어 걷는 내내 벽
에서 눈을 뗄 수 없었다. 고흐가 아를을 사랑했던 만큼 지금의 아를 사람들 역
시 고흐를 사랑하는 마음이 마을 곳곳에 묻어있었다.

한참을 걷다 작은 카페에 들어가 파니니를 주문했다. 햄, 닭고기, 연어, 토마
토, 버섯, 각종 치즈들 중 재료를 고르면 바로 그 자리에서 만들어주었다. 나
는 연어와 토마토를 고른 후, 치즈 종류에는 익숙지 않아 재료에 어울리는 치

즈를 골라줄 것을 부탁하고, 해가 잘 드는 테라스에 앉았다. 아름다운 풍경의 일부가 되어 천천히 일기를 써 내려갔다. 걸어다니며 시선에 닿는 풍경을 담는 것도 좋지만, 한곳에 앉아 정지된 공간의 흐름을 응시하는 시간이야말로 큰 즐거움이었다. 가만히 그곳의 공기를 느끼다보면 평소에는 잠자고 있던 몸의 감각들이 꿈틀거리는 느낌이 들었다. 때로는 이렇게 새롭고 낯선 감각을 온몸 가득 채워주는 것이 일상을 살아내는 에너지가 되는 것 같다. 아마도 이런 것들이 여행 가방을 꾸리게 하는 이유가 아닐까?

돌아갈 기차 시간이 얼마 남지 않은 5시. 카페에서 일어나 다시 론강을 향해 걸었다. 강변에 앉아 강물을 바라보며 못다 쓴 일기를 쓰고 있는데 어디선가 기타와 노랫소리가 들렸다. 소리를 따라가 보니 강으로 향하는 계단에서 한 커플이 노래를 부르고 있었다. 몰래 바라보는 나의 인기척을 느끼고는 수줍게 웃어 보이는 두 사람, 그 모습이 그렇게 사랑스러울 수가 없었다. 나 역시 쑥스럽게 엄지를 치켜들며 웃었고, 그들은 노래를 이어갔다. 마치 놀이공원 폐장 시간이 되면 흘러나오는 음악처럼 지친 몸과 떠나는 아쉬움을 달래주는 멜로디였다. 기차를 타기 직전까지 멀찍이 앉아 바람을 타고 들려오는 노래를 듣다 기차에 올랐다.

"너도 알고 있겠지만, 과거에 이런 행운을 누려본 적이 없다. 이곳의 자연은 정말 아름답다. 모든 것이, 모든 곳이 그렇다. 하늘은 믿을 수 없을 만큼 파랗고, 태양은 창백한 유황빛으로 반짝인다. 천상에서나 볼 수 있을 듯한 푸른색과 노란색의 조합은 얼마나 부드럽고 매혹적인지, 도저히 그렇게 아름답게 그릴 수 있을 거 같지는 않지만, 그 광경에 어찌나 열중했던지 규칙 따위 조금도 생각하지 않은 채 그림을 그리게 되었다."

언젠가 읽었던 고흐가 아를에서 동생 테오Theodorus van Gogh에게 보냈던 편지의 한 구절이다. 여행을 하고 나면 꼭 그 여행지를 배경으로 한 소설이나 글들을 다시 읽어본다. 이전에는 추상적이던 머릿속 구절이 살아나 생생하게 눈앞에 펼쳐진다. 동시에 언젠가 다시 찾을, 별이 빛나는 아를의 밤을 상상한다. 여전히, 하지만 이전과는 다른 방식으로 먼 곳을 그리워하는 밤이다.

아비뇽에서 아를까지

아를은 아비뇽 중앙역에서 TER 열차를 타고 가면 7.50유로에 20분도 안 걸리는 곳이라 아비뇽에 숙소를 잡아두고 여행하는 것이 좋다. 워낙 작은 마을이라 숙박시설도 많지 않은 데다 값도 훨씬 비싸기 때문이다. 아비뇽에서 아를로 가는 기차를 타기 위해서는 아비뇽 중앙역 근처에 숙소를 잡는 편이 좋다. 아비뇽에는 중앙역과 TGV역 두 개가 있는데 거리가 꽤 멀기 때문에 동선이 복잡해질 우려가 있다.

프랑스의 기차표

우리나라처럼 정확한 가격이 정해져 있지 않다. 날마다 오르락내리락하다 일정이 가까워지면 대체로 값이 껑충 뛰어버린다. 그러므로 한 달 전쯤 일정을 잡아 예매해두면 두 배는 더 저렴한 기차표를 구할 수 있다고 한다. 나 같은 경우에는 갑작스레 떠나온 여행인지라 매번 확실한 계획 없이 떠돌아다니다 전날 밤이 돼서야 기차표를 예매했다. 그래서 매번 비싼 가격에 한숨을 내쉰 후 결제버튼을 눌러야만 했다. 그랬던 내가 속으로 만세를 외칠 수 있는 곳은 아를뿐이었다. 아를행 기차는 가격이 일정해서 예매하지 않아도 저렴했기 때문이다.

아를에서 이곳만은

주소. 8, Place Paul Doumer, 13200 Arles

원하는 재료를 직접 골라 넣은 파니니를 먹을 수 있는 카페 L'entre deux에 들러보자. 여러 가지 음료와 음식들이 허기진 여행자를 편안하고 배부르게 해준다.

이건
특급여행이야!

지난 여행 도중에 부탄Bhutan이라는 나라를 알게 되었다. 부탄은 세계에서 유일하게 국민행복지수Gross National Happiness index(이하 GNH)를 만들어 실천하는 나라로 알려져 있다. 인구가 100만 명도 안 되는 이 작은 왕국에서는 국민의 행복을 위해 지속적이고 균형잡힌 경제발전과 환경보호, 문화진흥 그리고 투명한 정부를 복표로 한다. 경제적 발전만을 평가하는 서구의 GDP(국내총생산 Gross Domestic Product)나 GNP(국민총생산Gross National Product)와는 또 다른 개념이라 할 수 있다. 이 행복지수만으로도 특급여행이라 부르기에 충분했지만 그 외에도 까다로운 부분이 많았다. 자연보호와 문화보존 등의 명목으로 외부인의 자유여행을 금하고, 하루 관광객 수를 제한하면서 체류비까지 받는 나라. 나는 궁금했다. 부탄사람들은 정말로 행복하게 살고 있는지 말이다.

비행기에서 내려다본 부탄의 첫인상은 참으로 아찔했다. 5천 미터가 넘는 깎아지른 듯한 준봉들 사이로 부탄의 관문 파로Paro공항이 보였기 때문이다. 비행기가 활주로에 착륙하고 나서는 긴 한숨과 함께 큰일을 해낸 기분이 들었다. 실제로 파로공항은 계곡에 있는 공항의 위치상 문제나 짧은 항공로 때문에 대부분의 조종사들이 착륙하기 힘들어하는 곳으로 유명했다. 이는 부탄 사람들이 부탄 출신 조종사를 세계 제일이라 자부하는 이유이기도 하다. 입국수속을 마치고 밖에 나가니 가이드와 운전기사 두 분이 기다리고 있었는데, 알고 보니 우리를 위해 여행사 사장님이 직접 가이드를 자청해서 오셨단다. 도착한 숙소는 계곡이 보이는 전통적인 외관을 갖춘 아주 멋진 곳이었다. 내부시설도 생각보다 깔끔하고 좋아 조금은 어색했다. 워낙 폐쇄적이고 공산품이 없다고 들었었기에 열악한 시설도 감수하리라 생각하고 왔던 것이다.

다음날 우리는 파로에서 팀푸Thimphu로 넘어왔다. 부탄의 수도인 이곳에는 많은 현지인들이 서양식 복장을 하고 있었고, DVD 상점 진열대에서는 한국 드라마 포스터도 쉽게 발견할 수 있었다. 느리긴 하지만 결국 부탄도 조금씩 변해가는 중이었다. 하지만 세계 유수 도시들과 비교하면 건물의 높이나 규모가 상당히 작았고, 대부분 전통건축물의 외형을 하고 있었다. 부탄 사람들이 자신들의 문화를 지키기 위해 노력하고 있기 때문이라고. 가장 인상 깊었던 장면은 경찰이 교통정리를 하고 있는 모습이었다. 부탄은 세계에서 유일하게 교통신호등이 없는데 "신호에 따라 사람과 차가 오가는 것은 인간미가 없다."는 시민들의 반대여론에 밀려 며칠 만에 철거됐기 때문이란다. 그리고 시내 곳곳에서 사람들이 무언가 씹고 있는 모습도 심심치 않게 볼 수 있었는데, 처음에는 입담배라 생각했던 것이 알고 보니 '도마'라는 열매였다. 지난 2004년부터 담배 판매와 흡연을 금지하고 있는 부탄에서 남녀노소 할 거 없이 즐기는 이 열매는 약간의 중독성을 가지고 있고 씹으면 입술이 빨개지기도 했다. 이들이 지키고 있는 건 문화뿐만이 아니었다. 부탄은 수력자원이 풍부해 개발만 한다면 전 인구의 두 배가 사용할 전력을 만들 수 있을 정도라고 해 놀라움을 금치 못했다. 하지만 큰 댐이 들어서면 숲을 파괴해야 하고, 송잔탑들도 들어서야 하기에 꼭 필요한 경우에만 작은 규모의 수력발전소를 만들 뿐이라고. 우리는 보름간의 올림픽, 아니 단 삼일간의 알파인 스키경기를 위해 500년이 넘은 원시림의 고목들을 베어내어 버렸다. 부탄의 이런 정책들은 내가 소중한 것을 어떻게 지켜나가야 하는지 다시 한 번 생각하게 만들었다.

부탄에는 이런 말이 있다. "부탄의 길 1킬로미터마다 옆으로 17번의 굽은 길이 나타난다." 차들은 천천히 도로를 달렸고, 푸나카Punakha에 도착한 우리는 주변 풍경을 좀 더 탐닉할 수 있었다. 팀푸와 푸나카의 고도 차이는 약 천 미터, 창문너머로 드라마틱한 풍경이 이어졌다. 특히 높은 고도에서 볼 수 있는 침엽수림부터 낮은 지대에 자생하는 활엽수림까지 그 종류만도 다양한 나무들의 행렬에 식물학을 전공하는 후배와 나는 감탄을 마지 않았다. 오후에는 푸나창추Punatsnang Chu 강으로 향했다. 이번 부탄 여행의 목표 중 하나였던 흰배왜가리들이 서식하고 있는 곳이었기 때문이다. 강 주변을 돌아다니며 흰배왜

가리가 자주 나타난다는 곳을 샅샅이 뒤졌지만 반나절이 넘도록 만날 수 없었다. 실망한 표정이 역력한 얼굴이 안쓰러웠는지 가이드는 우리를 어디론가 데리고 갔다. 그곳은 알고 보니 흰배왜가리 복원센터였다. 세계적으로 70~500 마리밖에 없는 걸로 추정되고 있는 흰배왜가리는 현재 부탄에만 27마리가 서식하는 걸로 알려져 철저한 보호 아래 있었다. 부탄을 제외한 다른 국가에서는 개체수가 제대로 파악된 자료가 없기에 어쩌면 예상하는 개체 수보다 훨씬 더 적을 수도 있다고 했다. 복원센터의 모습은 다소 충격적이었다. 센터 직원들은 대부분 텐트에서 생활하고 있었고, 흰배왜가리들 역시 어설프게 설치된 그물 안에서 사육되고 있었다. 정부의 지원 없이 NGO단체에서 지원금을 받아 운영하고 있기 때문이었다. 더욱이 흰배왜가리에게 아주 중요한 번식지인 강변에 부득이하게 댐이 들어선다는 소식도 들렸다. 이 열악한 환경 속에서도 흰배왜가리 복원에 애쓰고 있는 센터 직원들에게 안타까운 마음을 전하고 돌

아가는 길, 문득 창밖으로 크고 날씬한 새 한 마리가 계곡에 사뿐히 내려 앉는 것을 보았다. 순간 환호성을 터져 나왔다. 고민할 필요도 없었다. 흰배왜가리 였다. 조금 전까지 마음에 가득하던 실망감과 안타까움은 잠시 내려놓고, 녀석이 사냥하는 모습을 멀리서 한참 동안 지켜보았다. "흰배왜가리야, 부디 오래오래 잘 살아라!"

여정을 마무리하기 위해 다시 파로에 돌아온 우리는 아쉬운 마음을 달래기 위해 시장으로 향했다. 한국에서는 비싼 가격에 거래되는 자연산 송이를 맛볼 수 있다는 정보를 입수했기 때문. 그러나 눈에 불을 켜고 찾아도 결국 찾지 못했다. 이유인즉슨 송이가 나오기에는 아직 조금 이르단다. 천혜의 자연 환경에서 자란 송이의 맛은 어떨까, 하는 상상만으로도 입에 침이 고이지만 어찌할 도리가 없었다. 대신 아주 저렴한 가격에 황금느타리를 구할 수 있었다. 운

전을 도와준 현지 기사는 이 버섯으로 특별한 저녁 만찬을 마련했다. 매콤한 조리법으로 맛을 낸 버섯은 우리 입맛에도 아주 잘 맞았다. 후배 말로는 《숲 속 수의사의 자연일기》라는 책에서 곰이 이 황금느타리버섯을 먹고 똥을 누었는데, 그 변이 황금색이었다는 것이다. 한바탕 웃어넘겼지만 우리도 과연 황금색 변을 볼 수 있을지 잠시 궁금해졌다.

부탄을 여행하면서 현지인들과 깊은 대화를 할 기회는 없었다. 하지만 내가 본 그들은 구걸하는 이 하나 없이 각자 묵묵히 자신의 몫을 다하고 있었고, 짜증을 내거나 조급해하지도 않았다. 항상 무언가에 치여 바쁘게 살아가지만 정신적으로 공허한 우리, 비약적인 발전을 이룬 경제 성장률에 비해 행복 지수는 높지 않은 우리와 분명 달랐다. 부탄 재무부장관의 인터뷰 중에는 이런 내용이 있다. "인간의 행복이란 궁극적으로 인간관계에 따른 것인데 GNP

나 GDP는 인간관계에 대해서 말하지 않는다. 또한 사회의 구조를 결속시키는 것에 대해서도 말하지 않는다. 하지만 GNH는 그렇게 한다." 내가 본 부탄의 '행복'은 그들이 지켜온 문화와 전통 그리고 사람들 사이에 늘 존재하고 있었다.

부탄으로 가는 길

부탄으로 가는 방법은 보통의 여행과는 조금 다르다. 인도에서 육로를 통해 입국이 가능하지만 많은 시간이 소요되므로 우리나라와 가장 가까운 방콕에서 드룩에어Druk Air를 타고 부탄의 관문도시 파로로 들어갈 것을 추천한다. 또한 부탄은 자유여행을 법적으로 금하고 있다. 현지 가이드의 조언만 잘 따른다면 안전하게 여행할 수 있다. 인천에서 방콕까지 타이항공 → 방콕에서 파로까지 드룩에어 → 현지에서 자동차로 이동

탁상사원에서
TAKTSHANG

탁상은 '호랑이의 보금자리'라는 뜻으로, 8세기경 부탄에 최초로 불교를 전파한 구루 린포체Guru Rinpoche가 암호랑이를 타고 티벳에서 넘어와 명상을 했던 곳에 세워진 사원이다. 3천8백 미터 높이에 위치한 이곳을 가는 길은 녹록하지 않았지만 이곳에서만 볼 수 있는 장면들이 길잡이가 되어주었다. 우리는 침엽수 가지에 길게 늘어뜨린 작은 식물들에 알알이 달려 있는 이슬을 관찰하거나 '바람의 말'이라는 의미를 가진 룽다Lungta와 불교 경전을 적어 걸어놓은 타르쵸Tharchog의 오색깃발을 따라 오르고 또 올랐다. 중간에는 전망이 탁 트인 쉼터에서 점심을 먹는데 저 멀리 구름이 산봉우리를 감싸고 있었다. 그 아래 절벽에는 새하얀 탁상사원이 아슬아슬하게 자리잡고 있었는데, 마치 한 폭의 수묵화를 마주한 듯 절로 입이 벌어지는 광경이었다. 도착한 사원의 규모는 생각했던 것보다 훨씬 거대하다. 위태로운 절벽에 사원을 지은 과거 부탄 사람들의 종교적 신념을 느낄 수 있다.

섬,
하늘과 바다를 닮고 담다

어느 날 불쑥, 세 남자가 굴업도로 백패킹을 떠난 이유는 아름다운 바다와 개머리언덕에서의 하룻밤 때문이었다. 대한민국에 이처럼 아름다운 자연 속에 텐트를 치고 캠핑을 할 수 있는 곳이 몇 군데나 될까? 아름다운 초원 위 섬의 끝자락에 꽃사슴들과 함께 텐트를 치고, 솜사탕 같은 해무가 가득한 바닷가에서 수영을 하고, 게다가 초보낚시꾼들에게 저절로 걸려주는 물고기들의 친절함까지. 이 모든 호사를 누려본 이들은 굴업도 자연의 소중함도 알게 될 것이다. 세상에 변하지 않는 것은 없다지만, 이 말만큼은 비켜 갔으면 하는 굴업도를 기억하며 '세 남자의 굴업도 백패킹'을 시작한다.

한 사람은 물통, 한 사람은 낚싯대, 한 사람은 텐트를 들고 배를 탄다. 각자의 등에는 이틀 동안 생활에 필요한 도구들을 담은 커다란 배낭이 매달려 있었다. 인천여객선 터미널에서 덕적도행 배를 타고 한 시간이 넘도록 달린다. 갈매기들에게 새우깡도 주고 잠도 청하며 낯선 사람들과 함께 섞여가는 배 안의 풍경은 언제나 재미있다. 멀미하는 사람 하나 보이지 않고, 등산복 차림의 중년 아저씨 아줌마들은 수다 떨며 식후경이다. 섬으로 향하는 배 안은 여행자들만 설레는 게 아닌 것 같다. 누군가의 방문을 기다리거나 반가운 소식을 궁금해 하는 섬에도 설렘은 가득하다. 짐칸에 실려 있는 대형 냉장고 또한 굴업도의 누군가에게 가는 선물일 것이다. 세 남자가 탄 배는 몇 개의 섬에 들러 설렘을 조금씩 나눠주고 항해를 계속했다. 덕적도에 내려 지하철 환승하듯 나래호로 갈아타고 두 시간을 더 가면 굴업도에 도착한다. 굴업도 선착장에는 평일의 경우, 하루에 한 대의 배만이 닿을 수 있다. 굴업도에는 별다른 교통수단이 없다. 마을 주민들이 트럭을 몰고 나와 민박할 사람들을 태워간다. 그리고 야영할 사람들에게는 쓰레기봉투를 나누어 주며 꼭 모든 쓰레기를 담아 마을로 가져오기를 당부한다. 한 대기업이 개발을 목적으로 섬의 98퍼센트 이상을 사유지로 매입했지만, 정작 굴업도의 자연 지킴이는 주민들이다. 출발 전날, '장할머니 민박'에 점심을 예약한 세 남자는 할머니네로 간다. 장할머니가 차려주신 밥상은 짧은 시간에 굴업도 주민과의 교감과 그들이 사는 방식을 공유하는 흥미로운 일 중에 하나였다. 된장을 넣어 구수한 향이 나는 꽃게탕을 비롯해 굴업도에서 자란 나물과 소박한 반찬들에는 고스란히 굴업도가 녹아 들어가 있다. 맛에 대한 평가는 세 남자가 저마다 다르다. 맛있다. 괜찮다. 실망이다. 이렇게 취향이 다른 세 남자는 불러오는 배를 잡고 야영할 장소로 향한다. 야영지로 향하는 길은 왜 이곳이 '한국의 갈라파고스'라 불리는지 실감할 만큼 아름답고 고요했다.

대기업의 안내 팻말을 지나 능선을 타고 오르다 보면 아름다운 초원 지대가 나온다. 탁 트인 시야에는 온통 풀과 나무, 그 너머로 보이는 바다가 전부이다. 한때 이 아름다운 섬에는 핵폐기 시설물이 들어서려 했다가 무산되었고, 그 뒤 대기업이 골프장 건설을 위해 섬을 매입했지만 환경단체들의 반발로 현재는 잠정적 중단 상태다. 이 아름다운 초원에 골프공이 뒹굴고 사람을 태운 카트가 돌아다니는 모습이라니, 사람의 이기심은 참 끝이 없는 것 같다. 이런저런 생각으로 걷다가 땀이 등에 스밀 때쯤, 어느새 개머리능선에 다다른다. 세 남자는 역할을 분담해서 텐트를 치기 시작한다. 숙영지인 개머리언덕은 드넓은 초원 지대를 가로지르고 작은 숲을 지나야지만 보이는 보물 같은 곳이다. 보물섬처럼 주변에는 종종 예쁜 사슴도 등장한다. 아름다움의 실상 뒤편에는 약간의 위험도 따른다. 바람이 많은 곳이라 텐트를 단단히 동여매야 했고, 서리가 내릴까 봐 짐들은 모두 텐트 안으로 옮겼다. 섬에서는 할 게 많지 않다. 섬 구경을 하거나 쉬거나 잠을 청하는 것 말고는 특별할 게 없다. 게다가 개머리언덕은 손전화기도 터지지 않아 더욱 한가한 낙원이었다.

세 남자는 부지런히 저녁 식사를 준비한다. 지금 현재 이곳에서 만들 수 있는 가장 창조적인 세 남자만의 요리가 시작된다. 비록 모기떼가 몰려와 세 남자의 다리에 들러붙어 맛있는 저녁 만찬을 먼저 시작했더라도 말이다. 해가 지기만을, 사람이 오기만을 기다렸다는 듯이 모기떼들은 사정없이 달라붙어 피를 훔쳐갔다. 세 남자는 가져온 모든 재료를 넣어 끓인 '꽁치김치부대찌개'를 앞에 두고 오손도손 사는 이야기를 나눈다. 밤은 더 깊어간다. 도시의 불빛이 없으니 더 없이 기나긴 섬의 밤이다. 어둠 속에서 끈끈한 유대감을 느낄 수 있는 순간이다. 이런 감정이 눈에 띄지 않듯, 섬도 그렇다. 눈으로 확인해야만 느낄 수 있는 공간이 아니다. 보이지 않는 끈으로 연결된 세 남자는 서로에게 감

사하며 소소한 즐거움을 누린다. 차가운 이슬과 바닷바람은 텐트 안을 초겨
울 체감온도로 만든다. 서로의 온기만으로는 추위를 견디기가 어렵다. 무엇보
다 서로의 살을 비비며 잠들기가 못내 아쉬워 잠깐 텐트 밖으로 나온다. 하늘
은 온통 별들의 세상이다. 세 남자의 텐트뿐인 개머리언덕 위에서 그들은 랜
턴으로 별들의 세상에 신호를 보낸다. 그 빛과 바람, 파도소리가 너무도 신비
로워서 마치 외계인과 교신하고 있는 듯한 착각에 빠진다. 별 헤는 밤, 굴업도
의 여름밤은 성스러움으로 가득하다. 개머리언덕에 자리 잡은 작은 텐트는 굴
업도의 모든 빛을 빨아들인 채 홀로 빛나고 있었다. 그렇게 길고 차가운 밤은
지나간다.

다음 날 아침, 마을과 가까이 있는 바닷가로 내려온다. 해안을 가로지르는 전
봇대가 듬성듬성 눈에 띈다. 전날 점심을 먹었던 민박집 장할머니의 말에 따
르면 민어가 많이 잡히던 시기, 굴업도에는 많은 사람이 살았다고 한다. 그만
큼 많은 집과 전기가 필요해서 해안가에 전봇대를 세웠다고. 지금도 섬의 곳
곳에서 많은 사람이 살던 과거 흔적이 발견된다. 더불어 해안가 곳곳에서는
해안사구를 볼 수 있다. 미끄럼 타기를 할 만큼 큰 해안 사구는 굴업도에서 볼
수 있는 상당히 이색적인 풍경이다. 한두 번 미끄럼을 타곤 곧 마을로 향한다.
마을 근처 선착장에서 낚시를 시작한다. 낚시 초보인 세 남자는 '과연 입질이
올까?' 의구심이 들었지만, 잠시 뒤 낚싯대를 하늘로 들어 올렸을 때 작은 물

고기가 매달려있다. 그렇게 시작된 입질은 뭍에서 사간 지렁이를 다 쓸 때쯤
에서야 끝이 났다. 이름 모를 물고기 열세 마리가 낚시 바구니 안에서 헤엄치
고 있었다. 칼도, 양념도, 열을 가해 조리할 버너도 없던 세 남자는 기념사진
한 장을 남기고 물고기를 다시 바다의 품으로 돌려보낸다. 마을을 걷다 다시
만난 장할머니에게 자랑 삼아 사진을 보여주었다가, 조금 전에 놓아준 것이
우럭이라는 이름을 가진 맛있는 물고기라는 것을 알게 되었다.

마을에서 바다를 바라보면 조그만 섬이 보인다. 장할머니는 '목섬'이라고 불
렀지만, 여행객들 사이에선 '토끼섬'이라고 불리는 이 부속 섬은 물때에 따라
외형이 달라진다. 섬에서 물때는 중요한 요소이다. 섬의 모습을 하고 있지만,
육지가 되었다가 곧 바다로 변해버리기 때문에 마냥 아름답다고 넋 놓고 있
다가는 큰 위험에 빠진다. 세 남자는 물이 빠진 틈을 타 서로에게 의지해 목섬
에 오른다. 중턱에 다다르자 멀리 나래호가 새로운 설렘을 가득 싣고 섬으로

들어오는 것이 보였다.

목섬에서 내려와 해안선을 따라가다 보면 지금껏 쉽게 보지 못했던 아름다운 해변과 바위틈에 다다른다. 백사장과 섬 그리고 해무는 외계인과 교신하던 지난 밤 못지않게 신비로웠다. 세 남자는 너나 할 것 없이 바다에 뛰어든다. 젊음은 아름다운 게 맞다. 이토록 눈부신 풍경 속에서 노닐 수 있는 세 남자는 아름답다. 해무에 가려진 바다를 달리고 달린다. 그러다 넘어지기도 하고 다시 일어나 서로에게 물장구도 친다. 세 남자는 이내 뽀얀 솜사탕 같은 해무 속을 헤엄치는 어린아이가 된다.

장할머니 민박

주소. 인천광역시 옹진군 덕적면 굴업로 137

전화. 032 831 7833

인천여객터미널에서 출발한 덕적도행 대부고속훼리 5호를 타고 덕적도에 내려 굴업도행 나래호로 갈아타면 된다. 배편이 많지 않아 덕적도에서 들어가는 시간을 잘 살펴야 한다. 캠핑 시 발생한 쓰레기는 모두 가지고 나와야 하는 것도 잊지 말자. 굴업도에서 하룻밤을 보내고 싶다면 캠핑도 좋지만 해변과 가장 가까이에 있는 장할머니 민박을 추천한다. 무엇보다 따뜻한 밥 한 그릇이 여독을 풀어준다.

너에게 간다
나에게 온다

우리는 살면서 손으로 꼽을 수 없을 만큼 많은 사람을 만나고 또 헤어진다. 그 속에서 '다들 나와 비슷하게 사는구나' 하는 위안을 얻는다. 누군가 '인생은 관계와의 질퍽한 연애'라고 하지 않았던가. 여행에 무슨 기술이 필요할까마는 굳이 하나를 꼽자면 새로운 만남을 두려워하지 않는 것이 아닐까. 낯선 풍경 속에서 기꺼이 길을 잃어보는 일만큼 여행을 풍요롭게 하는 것은 없다. 나는 터키의 수도 앙카라Ankara에 교환학생으로 와 있다. 지루할 틈 없이 왁자지껄한 캠퍼스는 늘 활기가 넘치지만 때로는 조용한 곳에 가고 싶다는 생각이 든다. 이른 아침이면 새소리가 들리고, 눈이 오면 사락사락 바닥에 눈 스치는 소리가 들리는 곳에서 고양이들의 사뿐한 발자국 소리와 내 숨소리에 흠칫 놀라며 그렇게 시간을 보내다 오고 싶었다. 봄이 오고 있던 4월의 어느 날, 나는 마음이 이끄는 대로 보랏빛 백합꽃 샤프란 향기가 가득한 터키의 작은 마을로 떠났다.

샤프란볼루Safranbolu 차르시 마을은 과거 실크로드 상인들이 기나긴 여정 중 잠시 짐을 풀고 휴식을 취하던 곳, 옛 모습을 그대로 간직하고 있어 마을 전체가 유네스코 문화유산으로 지정된 지역이다. 터키의 화려하고 장엄한 모습을 기대하는 여행자들에게 그다지 매력 있는 장소가 아닐지도 모른다. 하지만 현지 사람들의 일상에 깃들어 휴식을 취하고 싶은 내겐 더할 나위 없이 좋은 장소였다. 마을 주민들을 오랜 친구처럼 사귀고, 그곳을 찾은 여행자들에게 '어서 오세요'라고 말하는 내 모습을 상상해보았다.

작은 마을에 도착하자마자 나는 울퉁불퉁한 자갈이 깔린 좁은 골목길을 따라 걸으며 무거운 여행가방을 끌고 오지 않았음에 감사했다. 만약 그랬다면 지금쯤 가방 바퀴는 남아나지 않았으리라. 여행자들의 흔적이 곳곳에 묻어있는 호스텔에서 열아홉 살의 페르둔을 만났다. 낮에는 대학에서 공부하고, 저녁에는 이곳에서 일하는 그는 영어를 구사할 줄 알았기 때문에 거의 유일하게 대화가 통하는 상대였다. 그렇다고 해서 그의 영어가 유창하다거나 흠 잡을 곳이 없다는 건 아니다. "방 하나 있어?"라는 질문에 그는 다짜고짜 나를 자리에 앉히고 "차이?" 하며 되묻는다. 역시 터키인답다. 터키인들의 일상에서 빠질 수 없는 것이 바로 차이Turkish Cai, 터키의 홍차로 하루에 여섯 잔 이상은 기본이다. 모든 음식점에서 식사가 끝난 후 차이를 내어오고 특히 여행자들에게 건네는 "차이 한 잔 할래?"는 "나 너랑 친구가 되고 싶어."의 뜻과 마찬가지라고. 나역시 터키에서 머무르는 6개월간 차이 한 잔을 앞에 두고 얼마나 많은 친구를 사귀고 이야기를 주고 받았던가. 그는 붉게 우린 차이를 커피잔보다 큰 컵에 가득 담아왔다. 이곳의 명물인 터키 과자 로쿰Turkish Delight도 함께. 호기심에 찬 눈으로 내가 차이와 로쿰을 다 먹을 때까지 기다리던 그는 3층에 있는 방으로 안내했다. 삐걱삐걱 나무 계단을 밟고 오르니 어릴 적 뛰어 놀던 외갓집 나무 바닥이 떠오른다. 가볍게 짐을 풀고 아직 여행시즌이 시작되지 않아 조용하다 못해 적적한 호스텔 라운지로 내려갔다. 또 한 잔의 차이를 마시는데 마침 한국인 부부가 들어왔다. 올해 결혼 3년 차라는 부부는 다니던 직장을 그만두고

1년간의 세계여행을 시작했다고 한다. 나 역시 오래 전부터 품어온 로망이었다. 그들의 단단함이 부러우면서도 지금의 나는 예전보다 작은 것에 만족하고 있었다. 마음에 쏙 드는 음악을 발견했을 때, 한 줄 한 줄 가슴에 박히는 구절을 만났을 때, 부드러운 커피와 달콤한 아이스크림을 손에 들었을 때, 그리고 지금처럼 샤프란의 복잡하고도 옅은 색과 향기에 매혹될 때. 나를 기쁘게 하는 게 이토록 많다니.

내일이면 카파도키아Cappadocia로 넘어간다는 부부에게 놓치지 말아야 할 볼거리를 알려주고 있는데 페르둔이 다가와서 묻는다. "비라? 에페스?" 에페스Efes는 터키에서 가장 유명한 맥주다. 고로 이 말은, "맥주 마실래?"라는 거다. 이에페스를 나누는 자리에는 페르둔의 친구인 카디르와 함자, 엔디르도 함께였다. 우리는 어설픈 영어와 터키어를 섞어서 대화를 시작했다. 물론 그들의 영

어 실력이나 나의 터키어 실력은 오십 보 백 보. 대학생인 페르둔과 동갑인 카디르는 아직 고등학생이라고 했다. 이유를 물어봤지만 나에게 그 이유를 영어로 잘 설명해줄 수 있는 사람은 여기 없다. 그냥 그렇다 치자. 함자는 나와 동갑내기였는데 "우리는 친구야. 그러니까 넌 내 편이야"라며 하이 파이브를 했다. 그리고 나머지 한 명은 엔디르 아저씨, 앙카라에서 일하다가 조용히 공부하기 위해 이 마을에 왔다는 그는 나 역시 앙카라에서 왔다는 말에 터키어로 마구 질문을 쏟아냈다. 친구들 어깨 너머로 귀동냥으로 배운 터키어가 밑바닥을 드러낼 때쯤 페르둔이 어디선가 터키어-영어 사전을 가져왔다. 작은 사전 하나가 얼마나 큰 도움이 될까 싶겠지만 친구가 되겠다는 의지만 있다면 단순한 단어 나열만으로도 대화는 통하게 되어 있었다. 언어가 유창하지 않아도

우리는 그렇게 며칠 밤을 함께 노래하고 서로의 이야기를 들어주었다.

애초에 아무 계획 없이 온 덕분에 마을에서의 하루하루는 오롯이 내 소유였다. 가고 싶은 대로, 발길 닿는 대로 그저 걸으면 되는 것이다. 숙소에서 조금만 걸어 나오면 아라스타Arasta라 불리는 골목길이 마을 중심부로 나를 이끌었다. 때마침 토요일은 작은 바자르Bazaar가 서는 날이다. 몇 안 되는 나의 철칙 중 하나는 어디를 가더라도 시장 구경은 꼭 해야 한다는 것. 시장에 가면 그곳 사람들이 살아가는 모습을 여과 없이 만날 수 있기 때문이다. 깨끗하고 친절하기만 한 관광지에서 받는 배려보다 거칠고 투박해도 시장에서 느끼는 감동이 더 오래 남았던 터라 주저 없이 시장으로 향했다. 로쿰을 파는 곳부터 테이블보와 카펫, 사프란 비누, 작은 기념품을 파는 가게까지 어느 것 하나 그냥 허투루 보고 지나칠 수 없다. 그리 크지 않은 시장임에도 나는 이곳에 장장 다섯 시간을 머물렀다. 그러다 길이 갈라지는 삼거리에서 꽤나 흥미로운 가게를 발견했다. 약 두평 남짓한 공간, 유리 공예를 하는 아저씨의 가게다. 여기에 오래 머무르면 분명 사게 되리란 걸 알면서도 지나치지 못하고 "메르하바, 규나이든(안녕하세요. 좋은 아침이에요)" 하고 인사를 했다. 검은 머리의 동양 여자애가 건네는 터키 인사가 꽤 마음에 들었는지 그는 만들고 있던 작은 유리 배지를 건넨다. 그리고 다시 작업에 열중하는가 싶더니, 내가 잠깐 스쳐가는 여행자와 달리 가게를 떠나지 않자 작품을 하나하나 꺼내 설명해주었다. 직접 만든 수공예품에 감탄하며 카메라를 들고 "Photo, Okay?" 하고 물으니 아저씨 역시 "No problem"이란다. 그 작은 공간에서 우리는 30분이 넘게 대화를 나눴다. 나는 영어와 한국어로, 아저씨는 터키어를 썼지만 그래도 충분히 즐거웠다. 가게를 나오면서 무당벌레 모양의 귀걸이와 아주 귀여운 고양이 목걸이를 하나씩 샀다. 단순한 기념품이 아니라 아저씨를 기억할 심산으로.

북적북적한 시장 길을 지나 마을 길로 들어섰다. 높다란 돌벽이 서 있는 좁은 골목을 굽이굽이 돌아 걸었다. 내가 이런 조그마한 마을을 좋아하는 이유는 단순하다. 지금처럼 골목 모퉁이를 돌면 또 어떤 풍경이 펼쳐질까, 어떤 사람들을 만날 수 있을까 하는 기대가 있기 때문이다. 모퉁이를 도는데 줄넘기를 하던 아이들이 달려와 "포토 포토!"를 외친다. 내 카메라 앞에 한껏 포즈를 취하더니 이내 나를 자기네들 가운데로 이끈다. 같이 찍자는 거다. 수십 장의 사진을 남긴 후에야 본격적으로 말을 걸어왔다. "어디서 왔어? 언제까지 있어? 여기 좋아? 남자친구는 있어?" 한 번에 대답할 수 없을 만큼 쏟아지는 질문 세례에 아는 터키어를 죄다 끌어다 성심 성의껏 대답하는데 뭐가 그리 재미있는지 내 말 끝마다 까르르 하고 웃는다. 그러다 가장 나이가 많아 보이는 아

이가 "돌아가면 우리 사진 보내줘" 하고 말한다. 어려운 것도 아닌데 그러지 뭐, 주소를 물으니 주소가 없단다. 어떻게 주소가 없을 수 있는지 몇 번이나 되묻는 나를 이끌고 자기 집 대문 앞까지 갔다. 정말 문 근처에는 어떠한 숫자도, 글자도 없다. 주소가 없는데 무슨 수로 받겠다는 건지 자꾸만 떼를 쓴다. 메일 주소나 SNS를 물어봤지만 있을 리 만무했다. "앙카라로 돌아가면 내가 지금 묵고 있는 숙소로 보내줄게" 하고 일러 두었다. 작은 마을이니까 페르둔이 전해줄 수 있을 거라는 생각을 하고 발걸음을 옮기려는데 이번에는 줄넘기를 같이 하자고 한다. 흐드르륵 언덕에 올라야 하는데… "에라 모르겠나. 일단 놀자!"

얼마나 뛰어 놀았을까, 고등학교 체육시간 이후론 이렇게 뛰어본 적이 없었던 것 같다. 이제는 정말 언덕에 올라야겠다며 걸어가는데 이번에는 남학생 무리들이 쭈뼛쭈뼛 다가왔다. 그중 한 명이 수줍게 말을 건다. "사진, 같이 찍어요." 터키를 여행하다 보면 누구나 경험할 수 있는 것, 연예인도 아닌데 그들은 나와의 사진을 남기고 싶어 한다. 한 명과 사진을 찍으니 앞 다투어 "나도!"를 외친다. 다 함께 찍으면 좋으련만 꼭 한 명씩 찍어야 한단다. 사진을 찍고 나니 만족스러운 얼굴로 어디를 가느냐고 묻는다. 흐드르륵 언덕에 오르려 한다는 내 말에 그럼 자기들이 데려다 주겠다고 선뜻 나선다. 여섯 명의 보디가드는 생각보다 든든했다. 나보다 한참은 어린 꼬마 신사들의 안내를 받으며 어느덧 목적지에 도착했고, 아이들은 여기서부턴 입장료를 내야 한다며 돌아가겠다고 했다. 내가 대신 내주겠노라 했지만 자기들은 언제든지 올 수 있다며 괜찮단다. 아쉬운 작별을 하고 언덕 꼭대기에 선 나는 차르시 마을을 내려다보았다. 빨간 지붕이 매력적인 작은 마을, 오전에 다녀온 시장과 골목길, 사람들의 일상까지 마음 속에 눌러 담았다.

어느덧 해가 뉘엿뉘엿 넘어갈 준비를 한다. 여기서 바라보는 일출이 그렇게 멋있다는데, 내일 아침에는 일찍 일어나 일출을 보러 와야겠다고 다짐했다. 슬슬 걸어 내려와 숙소로 돌아가려는데 골목 어귀에서 또 누군가 나를 부른다. 이번에는 팔찌와 귀걸이를 판매하는 메흐멧 아저씨. 몇 잔이나 마신 차이를 또 한 잔 하고 가란다. 공짜로 얻어먹는 주제에 참 뻔뻔하다 싶지만 차이는 많이 마셨으니 이번에는 애플티를 부탁했다. 차를 홀짝이며 얼마간 머무르다 보니 나도 모르게 지나가는 손님들에게 "부이룬! 부이룬!(들어오세요. 환영해요)"을 외치고 있었다. 처음에는 그저 미소만 짓던 아저씨도 이제 손님이 오면 "아이쉐~!"하고 나를 불렀다. 아이쉐는 카파도키아 여행 당시 투어 가이드였던 에페가 지어준 내 터키 이름이다. 그냥 지나치지 않고 가게에 들어온 손님들

은 외국인 여자애가 장사하는 모습이 신기했던 것 같다. 그래서일까, 연이어 판매에 성공했다. 메흐멧 아저씨는 자신이 직접 만든 팔찌를 선물하며 나보고 돌아가지 말고 매일 여기로 출근하면 안되느냐고 묻는다. 비즈니스에 소질이 있다나 뭐라나.

작은 마을은 이래서 좋다. 모두가 이방인에게 맘씨 좋은 친구가 되어 준다. 물론 어디나 물건을 팔기 위해 먼저 접근하는 사람들도 있지만 최소한 이곳, 차르시 마을 사람들은 친구가 되고 싶어하는 쪽이다. 특별한 이유 없이 무조건 나를 좋아해주고, 이야기를 나누고 싶어 하는 사람들 속에서 지낸다는 건 정말 멋진 일이었다. 전 세계 공용어나 마찬가지인 영어마저 통하지 않는 곳, 하지만 낯선 사람과 낯선 언어로도 얼마든지 의사소통이 가능한 곳. 거리를 걸을 때마다 "촉 규젤(너 참 예쁘다)"이라며 살가운 인사를 건네는 사람들이 있는 곳, 나는 지금 터키의 작은 마을에 있다. 이 골목을 지나면 또 누구를 만날 수 있을까 하는 설렘을 안고, 오가는 사람들의 틈 사이에 한참을 서 있었다.

흐드르륵 언덕
HIDIRLIK TEPESI

한번 들어서는 기억조차 나지 않을 만큼, 그 이름도 어려운 흐드르륵 언덕. 사프란볼루의 전경을 조망하기에 가장 좋은 장소였다. 1994년 마을 전체가 유네스코 문화유산에 등재되었음을 알리는 기념비가 자랑스럽게 서있고, 주변은 예쁜 꽃들로 장식되어 있다. 높은 언덕에 올라 오래된 가옥과 자미를 내려다보면 마치 시간이 멈춰버린 것 같은 느낌. 음미하면 음미할수록 깊어지는 감동이다. 그저 마을을 내려다보는 것도 좋지만 흐드르륵 언덕에서 바라보는 일출과 일몰도 좋다. 우리 모두 시간 부자인 여행자니 조금 더 서둘러 아침형 인간이 되어보자. 개인적으로는 언덕에서 듣는 김광석의 '바람이 불어오는 곳'이 참 좋더라. 1리라의 입장료가 있지만 늦은 밤과 이른 아침에는 매표소에 사람이 없어 무료 입장이 가능하다. 단, 두 가지만은 꼭 기억하자. 아무리 작은 마을이라 하더라도 밤늦게 혼자 돌아다니는 건 지양할 것, 관광객에 대하는 친절한 터키인들의 '환대'와 사심이 가득한 '접근'은 구분할 것.

가족과 함께
떠나다

20대 초반의 여행은 죄다 자아성찰과 관련된 것이었다. 이를테면 비행기를 8시간쯤 타고 기차와 버스, 인력거 따위를 갈아 타가며 겨우 도착한, 이름도 기억나지 않는 깡촌의 싸구려 여관 화장실 하수구에서 나 자신을 발견한다든가 하는 일 말이다. 아, 닭살 돋아! 하지만 어쩔 수 없는 일이다. 그 나이 때는 보통 양쪽으로 시야가 차단되는 안경을 쓰기라도 한 것처럼 세상을 보는 시각이 좁기 마련이니까. 20대 후반에 접어들어 돈을 좀 벌기 시작하면서부터는 자아성찰은 식도락과 쇼핑으로 대체되었다. 나는 뭐에 홀리기라도 한 것처럼 먹고, 또 샀다. 지금 아니면 또 언제 먹어? 지금 아니면 또 언제 사? 나이가 들어도 시야가 넓어지기는커녕 욕심만 늘어난 것이다. 이럴 수가.

세월이 흘러 30대가 되었고 내게도 가족이 생겼다. 아이들이 어릴 때 여행의 목표는 안전, 안락, 편의 따위였다. '맛집'을 찾아가도 계획이라도 한 듯 발광을 하는 아이들을 남편과 번갈아 끌어안고 달래느라 우아한 식사는커녕, 뭔가를 목구멍으로 밀어 넣었다는 사실에 만족해야 했다. 하루 종일 아이들과 씨름을 하고 난 밤, 남편과 오붓한 시간을 보내기로 했다가도 맥주 캔을 손에 쥔 채로 코를 골며 잠이 들었다. 그럼에도 언제까지고 이런 식의 삶이 계속될 줄 알았다. 아이들을 데리고 1년에 한 번쯤은 휴가를 내어 3박 4일 정도 도쿄나 홍콩으로 떠날 수 있는 삶. 리조트에 가서 아이들을 키즈클럽 같은 데 맡기고 우리는 풀 사이드에 누워 칵테일을 마실 수 있는 삶. 1년에 한 번 정도니까 돈 걱정 같은 건 하지 않고 실컷 먹고 실컷 사고 실컷 즐길 수 있는 삶. 하지만 동시에 탈출하고 싶기도 했다. 해가 뜨기도 전에 불편한 양복에 불편한 구두에 불편한 가방을 맨 차림으로 집을 나가, 해가 지고도 한참 후에야 술에 취해 돌아오는 남편의 뒷모습을 볼 때마다 우리가 가려고 했던 곳이 과연 어디였는지 의심스러워지곤 했다. 그래서 나는 이렇게 살고 싶지 않다고 계속해서 중얼거렸다.

나의 간절한 염원이 효과가 있었는지 남편의 커리어는 점진적으로 엉망이 되기 시작했다. 그가 두 번째로 회사를 그만 두게 되었던 날, 나는 이렇게 말했다. "이왕 이렇게 된 거, 여행이나 갑시다." 그러나 막상 일곱 살과 다섯 살 아이들을 데리고 여행을 가려니 엄두가 나지 않았다. 나도 모르게 조식 뷔페가 괜찮은 쾌적한 호텔과 수영장 따위를 검색하고 있다가 문득 이런 생각이 들었다. '나는 도대체 왜 여행을 가려는 거지? 이런 건 한국에서도 충분히 할 수 있잖아.' 모든 것을 원점으로 되돌려야 했다. 이 나이를 먹어서 히피 흉내를 내고 싶지는 않았지만 그렇다고 해서 패키지 관광단 스타일의 여행을 하고 싶지도 않았다. 일단은 가보기로 했다. 내가 20대 때 꿈꾸었던 대로, 가족과 함께 허름한 게스트하우스에서 자고 노점식당에 앉아 땀을 닦으며 밥을 먹기로 했다. 밤기차를 타고, 트럭을 타고, 뚝뚝을 타고, 통통배를 타보기로 했다. 울기도 하고 웃기도 하는 진짜 여행을 해보기로 했다. 우리는 계획을 전면 수정했다. 수도 방콕에서 남부의 크라비를 거쳐 피피섬으로, 방콕으로 돌아와서 북부의 치앙마이로 올라갔다가 다시 방콕으로 내려오는 이동거리가 엄청난, 비효율적이기 짝이 없는 2주간의 진짜 배낭여행 코스로. 하지만 두려웠다. 집 대

문만 나서도 다리 아프다고 업어 달라, 차 태워 달라 징징대는 아이들이 이 험난한 여정을 과연 버틸 수 있을까? 돌이 지난 후에는 아이들을 어린이집으로, 유치원으로 떠밀어 보내느라 48시간 이상 아이들과 함께 붙어 있어본 적도 없는 불량 부모인 우리가 과연 아이들과 함께하는 336시간을 버틸 수 있을까? 혹시 아이들을 잃어버리면? 아이들이 다치면? 걱정은 거의 공포 수준이었다.

방콕의 여행자 거리인 카오산 로드Khaosan Road에 무사히 도착해서 식당을 찾기 위해 걸어갈 때였다. 20대 때 수도 없이 와본 곳이건만 이번엔 아이들과 함께였다. 자연스럽게 경계심이 생겼다. 마약에 취한 듯 몽롱한 표정의 비쩍 마른 여자가 비틀거리면서 걸어갔다. 길바닥에 쪼그리고 앉은 남자들이 매서운 눈빛을 날렸다. 온몸에 문신을 새긴 서양인들이 공허한 얼굴로 담배를 태우고

있었다. 아이들과 함께 있기에는 지나치게 비교육적인 곳이었다. 이런 곳에 아이들을 끌고 온 나 자신을 잠시 자책하다가 마음을 고쳐먹었다. 교육적이고 비교육적인 것의 기준은 뭘까? 세상이 신도시의 아파트촌처럼 단정하기만 한 곳일까? 세상에는 매일 아침 양복을 차려 입고 정해진 시각에 출근하는 사람들도 있지만 그렇지 않은 사람들도 분명히 있다. 지저분한 골목과 이런 사람들도 엄연히 세상의 일부다. 아이들을 그런 세상에서 차단시키는 것만이 과연 교육적인 해결책일까? 이런 고민이 무색하게도 아이들은 달라진 환경을 너무나 자연스럽게 받아들였다. 게다가 2만원짜리 여관방이든, 3만원짜리 침대기차든, 10만원이 넘는 호텔방이든 개의치 않고 잘 잤다. 천원짜리 수박주스, 천5백원짜리 볶음밥도 잘 먹었고 만 5천원짜리 뷔페는 더 잘 먹었다. 아픈 일 한 번 없이 씩씩하게 걸어 다니는 것은 물론 트럭에도 오르고 통통배의 갑판 위

에서는 한껏 바닷바람을 즐겼다. 더불어 일상에 대한 강박과 부담감에서 벗어
난 우리는 아이들에게 여유롭게 집중할 수 있었다. 화난 얼굴로 짜증만 내던
부모가 부드러워지자 아이들도 싸우거나 투정도 부리지 않고 매일 매일을 즐
겁게 지냈다. 아이들은 골목에 누군가가 놓아둔 작은 어항 속의 물고기를 보
면서도 신기함을 감추지 않았다. 숙소 앞에서 어슬렁대던 고양이들과는 심심
할 때마다 어울려 놀았다. 함께 기뻐할 작은 행운들이 매일 우유처럼 배달되
었다. 예약도 하지 않고 즉석에서 고른 숙소의 가격 대비 훌륭함이라든지, 역
한 냄새를 참고 들어간 식당 음식의 빼어난 맛이라든지. 태국에는 수영장이
딸린 저렴한 숙소가 널려 있었기에 아침저녁으로 아이들과 물놀이를 하고 수
영을 했다. 몸이 절로 가벼워졌다.

우리는 검게 그을린 얼굴로 집으로 돌아왔다. 여름에서 출발했는데 도착하니
겨울이었다. 돌아오기 전에는 분명 많은 것들을 다짐했지만 쉽게 잊어버렸다.
다시 현실에 부딪혀야 했다. 그럼에도 몇 가지의 것들은 잊지 않았다. 차를 거
의 타지 않고 걸어 다니기 시작했다. 그 나이에 외국에 가서 무엇을 얼마나 기

억하겠느냐는 말이 무색할 정도로 아이들은 모든 것을 기억했고, 종종 함께 모여 앉아 태국에서의 추억을 나눴다. 가족과 함께 나눌 추억이 있다는 건 정말 기쁜 일이었다. 조금 부족하고 조금 불편한 것이 반드시 불행을 뜻하는 것은 아니라는 사실도 깨달았다.

나는 사람들이 반드시 혼자서 낯선 곳을 여행해보아야 한다고 생각한다. 그 기간은 아무리 짧아도 보름 정도는 되어야 한다. 그래야 자기 자신이 어떤 사람인지 알게 된다. 내가 낯선 숙소의 하수구에서 나 자신을 발견한 것처럼. 하지만 이 나이까지 그런 문제를 끌어안고 머리를 싸매고 있는 건 좀 모자란 짓이다. 지금은 그보다 더 중요한 것들을 생각할 때다. 앞으로의 삶이라든지, 아이들이 살아갈 세상이라든지. 그리고 이제는 혼자 여행을 하기보다는 내가 본 것, 느낀 것들을 곁에 있는 누군가와 나누고 싶다. 자기 자신밖에 몰랐던 20대의 여자아이가 30대의 여자로 나이 들면서 달라진 게 바로 이것이다. 나누고 싶어진 것, 나눌 줄 알게 된 것. 바로 그것을 여행이 깨닫게 했다.

피피섬
PHI PHI ISLANDS

가족여행을 계획하고 있다면 피피섬을 추천한다. 방콕에서 열두 시간쯤 버스를 타고 가거나 비행기로 크라비Krabi로 간 후 다시 배를 타고 두 시간 정도 이동하면 마침내 섬에 도착한다. 에메랄드 빛 바다에 밀가루 같은 백사장, 해질녘에는 에이컨보다 시원한 바람이 부는 해변에서 아이들은 모래성을 쌓는다. 식당과 바, 가게들이 좁은 섬을 메우고 있어 소소한 구경거리가 있고, 무엇보다 좋은 건 차가 들어오지 못하는 섬이라 한껏 여유를 즐길 수 있다는 점. 그렇다고 마냥 한적하지만은 않다. 여행자의 성향에 따라 스노클링이나 스쿠버다이빙, 각종 투어 프로그램에 참여하면 된다.

그럼에도 불구하고,
요코하마

요코하마로 가는 전철을 기다리는 플랫폼에서 나는 치밀어 오르는 분노를 애써 참으며, 오지 않는 전철을 기다렸다. 사실 나의 도쿄여행에 요코하마는 변수였다. 여행을 위해 아르바이트를 하고 있을 때도, 계획을 짜고 있을 때도, 공항에서 티켓팅을 하는 그 순간에도 여행계획에 요코하마는 없었다. 오로지 '도쿄'였다. 그저 도쿄에서 얼마간 머무르고 싶었던 것이다. 그럼에도 불구하고 내가 도쿄에서의 마지막 3일을 뒤로한 채 요코하마행 전철을 기다리고 있었던 것은 정말 예상 밖의 일이었다. 요코하마행 전철이 경적소리를 내며 플랫폼으로 진입하자 그제서야 덜컥 겁이 났다. 분노를 원동력으로 호텔을 예약한 것 까지는 좋았는데, 내 손에 들려있는 것은 달랑 카메라 하나와 급히 적어 온 호텔 이름이 전부였으니까. 허겁지겁 전철에 올라 손짓발짓 해가며, 이 열차가 요코하마행임을 옆자리 승객에게 확인받았다. 조금 안심이 되었지만 크게 좋아할 만한 일은 아니었다. 분노가 긴장으로 바뀌고 나서야, 내가 한 끼도 못 먹었다는 것과 호텔로 가는 길을 미리 알아보지 않았다는 것이 생각났기 때문이다. 걱정이 마음에 가득 차 있으니 요코하마의 아름다운 경치가 눈에 들어올 리 없었다.

요코하마 사쿠라기쵸역 앞에서 나는 커다란 지도를 활짝 펼친 채 호텔로 가는 길을 맹렬하게 찾았다. 사람이 당황하면 기본적인 것도 제대로 하지 못한다고 했던가, 영어로 빽빽하게 적힌 지도에서 '워싱턴 호텔'을 발견한 순간, 내입에선 나도 모르게 실소가 터져 나왔다. 호텔은 역 앞, 바로 내 눈앞에 서 있었다. 프런트를 세 번이나 오가는 우여곡절 끝에 겨우 입실에 성공한 나는, 풀썩, 작은 침대에 쓰러지듯 걸터앉았다. 밖은 7월의 일본이었다. 기대에 부풀어요코하마 여행을 택한 게 아니다 보니, 더운 날씨를 뚫고 여행을 할 의욕이 전혀 생기지 않았다. 지도를 펴 보았지만, 딱히 가고 싶은 곳도 보이지 않았다. 한참을 멍하니 있었다. 그러다 하얀 벽지가 눈꺼풀로 뒤덮여 잠이 들 무렵, 문득 전철비와 호텔비가 아까워졌다. '이 여행을 위해 몇 달을 일했던가!' 나는 무거운 몸을 일으켜 밖으로 나섰다. 그제서야 요코하마의 명물인 대관람차가 보이고, 아득하게 풍겨오는 바다 냄새를 느낄 수 있었다. 시계는 벌써 오후 네시를 가리키고 있었고, 나는 무작정 바다 쪽으로 향했다. 역에서 챙겨온 지도를 펼쳐보니 호텔에서 그리 멀지 않은 곳에 '아카렌가'라 써진 붉은색 벽돌 건물이 눈에 들어왔다. 그림으로까지 그려놓은 것을 보니 꽤 유명한 곳이겠거니 하며, 지도의 길을 따라 천천히 걸었다. 마음이 조금 누그러져서일까? 길가의 작은 것들이, 저 멀리 풍경을 만들어내고 있는 것들이 하나 둘 눈에 들어오기 시작했다. '깨끗하네…' 하고 중얼거리며 작은 다리를 건너니 손바닥보다 작았던 대관람차가 어느새 아주 가까이 와 있었다. '관람차를 가까이서 볼까?' 하는 생각이 들었지만 배고픔이 목전까지 올라와 있었기 때문에 발걸음을 돌렸다. 눈앞에 있는 맥도날드가 그 순간 나에겐 더 중요했으니까. 햄버거 하나를 손에 들고, 아카렌가 창고로 가는 길은 그리 힘들지 않았다. 배가 어느 정도 불러오자 콧노래까지 흥얼거리기 시작했을 정도. 심지어 길가의 작은 가게에 들러 꽃무늬 티셔츠를 흥정하기까지 했다. 나는 그렇게 조금씩 요코하마에 적응하기 시작했다.

아카렌가 창고는 기대 이상으로 좋았다. 개를 데리고 산책하는 사람, 계단에 걸터앉아 음악을 듣는 사람, 발길을 재촉하는 사람부터 가족과의 피크닉을 여유롭게 즐기는 사람까지. 유유자적한 현지사람들의 라이프 스타일이 참 좋아 보였다. 주변을 한참 돌아보고 나서, 창고 안으로 들어가볼까 하다, 작은 창문까지 꽉 메운 인산인해에 도무지 들어갈 마음이 생기지 않았다. 여행에서 얻은 허리 통증이 조금씩 밀려오고 있기도 했고…. 아픈 허리를 부여잡으며 잠시 벤치에 앉았다. 저 멀리 지는 해를 바라보고 있자니 요코하마에 분노를 품고 온 것이 조금 미안했다. 빛으로 일렁이는 파도가, 조용하게 떨어지는 저녁노을이, 바다 사이에 옹기종기 자란 풀들이 온몸을 바쳐 나에게 요코하마를 소개하고 있는데, 내 마음 그릇에 그들을 담을 여력이 없던 것 같아서.

기운을 차리자 요코하마를 조금 더 보고 싶다는 생각이 들었다. 시간은 다섯 시 반. 걸어갈 수 있는 곳이 있을까 싶어 지도를 살피다가 차이나타운 안에 있는 관우묘를 발견했다. 평소 삼국지를, 관우를 흠모하던 터라, 주저 없이 관우묘를 찾아 나서기로 했다. 생각보다 먼 거리라 몇 번을 되돌아갈까 고민하며 찾아간 차이나타운은 꽤나 잘 꾸며져 있었다. 거리를 화려하게 수놓은 노랗고 붉은 조명들 사이로 일본인, 중국인, 한국인들이 한데 섞여 저마다 바쁜 걸음을 옮기고 있었다. 그간 도쿄 여행에 흔쾌히 자신의 자취방을 내어주었던 친구는 일본 여행객들 중 일본, 중국, 한국 3개국의 여행객을 구분하는 건 굉장히 쉽다며, 그들이 가진 '카메라'를 보면 된다고 했다. 일본인은 작은 카메라를, 중국인은 캠코더를 그리고 한국인은 DSLR을 가지고 있다고. 피식 웃으며 내 손에 들린 DSLR을 바라보았다. 그리고 내 옆으로 뛰어가는 작은 꼬마 아이를 캠코더로 찍던 아버지의 입에서 거친 중국어가 튀어나오는 순간, 맥락

없이, 친구와의 다툼으로 피난하듯 찾은 요코하마에서, 친구의 이야기를 통해, 친구를 생각하고 있는 내 자신이 조금 바보같이 느껴졌다. 차이나타운을 두 번쯤 뱅뱅 돌고 나서야 관우묘를 찾을 수 있었다. 아뿔싸, 시간이 시간이었던 터라 이미 입장시간은 지나 있었다. 아쉬웠지만 별 수 있나, 준비하지 못한 내 탓이었다. 입구 언저리에서 기념사진을 몇 장 찍고 나니, 갑작스럽게 피곤이 몰려왔다. 호텔로 도저히 걸어갈 수 없을 만큼 허리도 아팠다. 차이나타운 앞의 버스정류장을 한참 들여다보았지만, 도무지 무엇을 타야 할지 감이 오질 않았다. 어쩔 수 없이 나는 튼튼한 두 다리를 믿는 수밖에 없었다. 반쯤 넋이 나간 채로, 호텔로 발걸음을 옮기며 요코하마의 밤과 마주했다.

신기하게도, 여행은 예상치 못한 난관에 부딪혔을 때, 예상치 못한 감동을 남긴다. 밤의 요코하마는 더할 나위 없이 아름다웠다. 버스를 탔다면 미처 마주치지 못했을 풍경. 호텔로 돌아갈 힘이 조금 생겨 순간을 즐겨보기로 했다. 조명이 하나 둘 켜지고, 바다가 하늘의 먹빛을 빨아들인 만큼 검게 변하던 그 시간, 무슨 생각이었는지, 난 호텔로 곧장 갈 수 있는 길 위에서, 조금 돌아가는 길로 방향을 선회했다. 길 아래 초연하게 빛나던 작은 가게들이 예뻐 보였기 때문일까? 굴다리 아래, 작은 옷 가게로 들어섰다. 시원한 에어컨의 냉기가 기분을 좋게 했지만, 상식을 벗어난 가격표 덕분에 멋쩍은 웃음으로 가게를 나설 수 밖에 없었다. 무안한 기분으로 다시 바닷가로 발길을 돌렸다. 그러다 문득 바다 위를 윙윙거리며 날아다니는 빨간 반딧불에 눈길을 뺏겼다. 저 멀리 날아다니던 빨간 반딧불에 홀려 걸어가길 수십 분, 그것은 가까이 갈수록 모습을 드러냈다. 낚싯대였다. "하하하!" 허탈해진 마음에 갑자기 크게 웃음이 터졌다. 낚시를 하던 아저씨들은, 커다란 카메라를 목에 건 여자아이가 뜬금없이 웃어대는 통에 다소 황당한 표정이었다. 오던 길을 되돌아 다시 호텔로 돌아가는 길, 갑자기 마음이 후련해졌다. 대단하다. 요코하마는 반나절 정도

의 아주 짧은 순간에, 남아있던 감정의 찌꺼기까지 깡그리 말려버렸다.

호텔에 돌아와 친구에게 전화를 할까 잠시 망설이다, 곧 지도를 펼쳐 들었다. 그리고는 낮에 얼핏 보았던 '아카이구츠버스(빨간구두버스)' 광고를 유심히 살펴보았다. 설명이 전부 영어라 모두 이해할 순 없었지만 서울 시티투어버스와 비슷한 관광상품 같았다. 내일은 이 버스를 타고, 내리고 싶은 곳에 내려보기로 결정. 잠이 들기 전, 다시 한 번 친구에게 전화를 해야 하나 망설였지만, 피곤하다는 핑계로 잠이 들어버렸다.

다음 날 아침. 몸은 어제보다 개운했지만, 스멀스멀 올라오는 미안함과 죄책감 때문인지 오히려 더 무겁게 느껴졌다. 난 그저 꾸역꾸역 짐을 챙겨 버스정류장으로 향할 수밖에 없었다. 버스 정류장엔 2대의 버스가 서 있었다. 아마 노선이 다른 것 같았지만 나에겐 별 상관이 없었다. 간단하게 버스를 선택하고, 요금을 낸 후, 맘에 드는 정류소를 캐치하기 위해 창가 쪽으로 자리를 잡았다. 창밖으로, 어제 보았던 아카렌카와 그림 그리는 할머니를 지나 버스가 한적한 2차선 도로의 언덕 위를 올라섰을 때 가방을 챙겨 내렸다. 정류장 앞으로는 작은 공원이 있었고, 뒤로는 어디로 갈지 모를 차도 위 노란 택시가 서 있었다. '노란 택시는 행운을 불러준다'란 생각에 택시가 선 방향으로 가다 보니, 자그마한 레스토랑이 있었다. 요기를 해야 했기에 문을 밀고 들어섰다. 곱게 빛나는 원목식탁과 빨간 체크무늬 식탁보가 예쁜 홀이 나왔다.

자리에 앉아 대충 메뉴를 시키고 멍하니 홀을 둘러보다 주방의 요리사와 눈이 마주쳤다. 요리사는 이른 아침, 외국인으로 보이는 여자아이가 혼자, 이 외딴 가게에 와서 요리를 시키는 것에 적잖이 호기심이 동한 모양이었다. 요리를 내오며 그는 나에게 어디서 왔느냐 물었다. 한국에서 왔다고 답하니 자신의 친구도 한국에 있다며, 일본에 친구가 없는지 물어왔다. 왜인지 갑자기 울컥하

는 마음에 친구가 보고 싶어졌다. 요리사에게 전화를 빌려 친구에게 전화를 걸었다. 수화기 건너편으로 오랜 시간 수화음이 울렸다. 글쎄, 돌이켜보면 다투는 게 당연했다. 작은 원룸의 공간을 20일 동안 공유해야 했으니. 게다가 그 녀석은 유학생, 나는 여행자. 생활의 무게가 다를 수밖에 없었다. 매일 밤 맥주 파티를 하고 싶어하는 나의 들뜬 기분은 그 녀석에게 어떤 부담이었을까. "모시모시." 수화기 너머로 들려오는 친구의 목소리가 생각보다 반가웠다. "뭐하냐." 건조하게 응수하는 나의 말에 친구는 "하라주쿠로 와, 2시까지"라고 답했고 우리의 짧은 다툼은 마침표를 찍었다. 미안하다는 말은 없었지만 마음이 풀린 것쯤은 충분히 알 수 있었다. 나의 요코하마행은 서로에게 아주 적절한 타이밍의 외로움과 휴식을 주었나 보다. '그래, 이유 없는 여행은 없지.'

향긋한 커피가 한 번 더 잔에 채워지고, 한결 가벼운 마음으로 여유를 즐기려던 찰나, 곧 출발해야지 하는 마음으로 시간을 물었더니 벌써 정오가 넘었단다. '네 놈이 내 상황을 배려해 약속을 잡았을 리가 없지!' 헐레벌떡 계산을 마치고, 내리 쬐는 햇볕 아래를 전속력으로 달려야 했지만 글쎄, 썩 기분이 나쁘진 않았다. 그는 오늘도 분명 까불거리며 나의 신경을 긁을 것이 분명하지만, 어쩌겠는가. 요코하마에서 한 뼘 더 자란 내가 배려하는 수밖에!

요코하마에 간다면　도쿄에서 요코하마로 가려면, JR 시나가와역에서 게이힌도오쿠센 노선으로 환승한 뒤 사쿠라기초역에서 하차하면 된다. 뜻밖의 기쁨을 주었던 아카이구츠 버스는 사쿠라기초역을 출발하여 미나토미라이 지구, 추카가이, 야마시타 공원, 미나토미에루오카 공원까지 순환하는 투어버스로 2가지 노선을 운행하고 있다. 또 이번 여행에서 추천하고 싶은 아카렌가 창고는 요코하마의 상징과 같다. 1913년에 준공된 것으로, 당시 해상 무역을 통해 오가던 화물을 보관하던 창고로 사용되었으나, 현재는 갤러리, 쇼핑몰, 레스토랑 등이 모여있는 문화시설로 유명하다.

내일로 떠나는
오늘의 용기

가끔 사람에게는 당장 떠나지 않으면 안 되는 순간이 찾아온다. 내게는 그날이 그랬다. '아직 세상엔 좋은 사람들이 많다'고 믿던 나는 사라지고, 사람이 버거운 나만 남았다. 앞서가는 친구들과의 비교, 무엇 하나 확실하지 않은 미래에 완전히 지쳐 있었다. 어느 밤 문득 '나, 이렇게 살아도 되는 걸까'로 시작된 생각은 꼬리에 꼬리를 물고, '과연 살아있을 가치가 있을까'에 이르렀다. 이러다가 정말 큰일나겠다는 생각이 들었다. 나는 잠시 사람들로부터 도망치기로 했다. 누구의 눈치도 보지 않고 마음이 내키는 대로 다니고 싶어서 '내일로' 티켓을 끊었다. 내일로는 유럽의 유레일 패스처럼 KTX와 ITX-청춘열차를 제외한 모든 열차를 일주일간 자유롭게 이용할 수 있는 철도 패스다. 만 25세까지만 이용할 수 있는 특권, 나는 청춘의 마지막 열차에 탑승했다.

막상 떠날 날짜를 정하고 열차표도 끊었지만, 시험공부를 하느라 여행 준비를 전혀 할 수 없었다. 여행을 떠나기로 한 당일 아침, 철도 노선이 그려진 지도를 펼쳐놓고 마음이 가는 곳을 첫 번째 목적지로 삼기로 했다. 서울, 대전, 부산, 광주로 이어지던 눈길이 전주에 닿는다. 2년 전 겨울, 친구들과 함께 갔던 전주 여행이 떠올랐다. 고즈넉한 한옥마을이 썩 마음에 들었지만, 오래 둘러보지 못한 것에 대한 아쉬움이 늘 남아있었다. 그래서 제일 먼저 전주로 가서 한옥 마을을 마음껏 걸어보기로 했다.

본격적인 방학이 시작되면 수많은 청춘들이 삼삼오오 기차로 모여들 테니, 사람들로부터 도망치고 싶던 나는 서둘러 여행길에 올랐다. 덕분에 신탄진을 거쳐 전주로 향하는 무궁화호의 한 칸 전체가 오롯이 내 차지가 되었다. 마침 기다리고 있던 통보 하나가 있었는데, 애석하게도 기차 안에서 그 결과를 확인했다. 이 여행은 자축의 선물이 될 것인가, 위로의 여정이 될 것인가? 후자였다. 아무리 반복해도 익숙해지지 않는 실패와 좌절을 또 한 번 맛보았다. 단단히 마음을 동여매고 있었는데 왈칵 눈물이 쏟아졌다. 영어 단어 하나라도 더 외워야 할 것 같은 지금, 여행이 대체 무슨 의미가 있을까? 무거운 걸음으로 한옥마을 입구에 자리잡은 전동성당에 들어섰다. 석상 하나가 눈에 띄었다. "와, 피에타!" 나도 모르게 감격에 겨워 중얼거렸다. 2년 전, 전주를 다녀간 후 유럽 여행을 갔었다. 그곳에서 죽은 아들을 안고 있는 성모마리아의 모습을 표현한 조각을 만났다. 전주에서 다시 만난 피에타 앞에서 나는 바티칸의 공기를 떠올렸다. 그저 하얀 돌덩어리에 불과했던 것이 또 다른 감동으로 다가왔다. 세상에는 여행을 통해 경험하지 않았다면 깨닫지 못했을 것들이 분명 존재했다. 시간과 정성을 들여 하는 여행은 분명히 의미가 있으리라.

다음 날 이른 아침, 나는 경기전의 대청마루에 드러누웠다. 누군가는 바쁘게 출근을 하고, 누군가는 졸음과 싸우며 수업을 듣고 있을 시간. 귀를 쫑긋 세우면 시간이 흐르는 소리도 들릴 것 같은 이곳에서 눈을 감고 조용히 아침 햇살과 시원한 바람을 느꼈다. 나는 가장 불행했지만, 동시에 가장 행복한 사람이기도 했다.

지도를 펼쳐놓고 다시 행복한 고민에 잠겼다. 오늘은 어디를 가야 할까? 곡성에서 장미 축제가 열린다는 소식을 접했다. 마침 전주에서 가까운 곳이라 큰 기대 없이 기차에 몸을 실었다. 기찻길을 따라 펼쳐진 드넓은 장미밭에서 유난히 키가 큰 장미나무 한 그루를 보았다. 언젠가 술자리에서 보통 사람들은 아무리 열심히 노력해도 반드시 자신의 한계를 인정해야만 하는 순간이 온다는 이야기를 들은 적이 있다. 세상의 8할은 보통의 사람들이 채우고 있는데, 언제나 세상은 나머지 2할의 특별한 사람들 차지였다. 똑같은 땅 위에서 똑같은 보살핌을 받으며 자랐으면서도 혼자만 쑥 자라버린 저 얄미운 나무처럼.

관광용 증기기관차를 타고 섬진강을 따라 달렸다. 조그마한 간이역에 들러 바구니 달린 자전거 한 대를 빌렸다. 강변을 따라 신나게 달려볼 생각이었다. 오랜만에 타는 자전거가 익숙하지 않아 한 번은 크게 넘어질 뻔했다. 나는 믿을 수 없는 속도로 민첩하게 자전거에서 뛰어내렸다. 자전거를 물론이고 카메라

와 휴대폰마저 팽개친 채였다. 불안정한 미래, 그림자처럼 들러붙는 열등감, 꿈과 현실 사이의 괴리, 사회생활에 대한 실망과 스트레스, 그 모든 것을 훌훌 털어버리고 싶었다. 나는 지겨워질 때까지 페달을 밟고 또 밟았다.

곡성의 어느 찜질방에 누워 다음 목적지를 물색했다. 일본식 가옥들이 있는 군산, 이번이 아니면 갈 기회가 없을 것 같아 다음날 아침 군산으로 향했다. 역에 도착해 시내 버스에 올랐다. 기사 아저씨는 내가 혼자 여행 중이라고 하니, 이 버스를 타고 비응항까지 가보라고 권했다. 종점인 비응항까지 가면서 아저씨와 제법 많은 이야기를 나눴다. "경상도는 한 번도 안 가봐서 모르겠지만." 아저씨는 대화 도중 여러 번 그런 말씀을 하셨다. 그렇다. 세상에는 평생 동안 자신이 나고 자란 생활의 터전에서 크게 벗어나지 않는 세계 안에서만 살다가 죽는 사람들도 많다. 그런데 나는 그보다 더 넓은 세상을 보았고 앞으로도 볼 테니까, 나는 내 생각만큼 운이 없는 사람이 아닐지도 모른다. 비응

항을 보기 위해 역에서 한 시간 반을 달려왔고, 또 그만큼을 되돌아가야 했다. 인생에서 가장 찬란한 순간도 한때에 불과하다. 하지만 아마도 짧기에 더 달콤하게 느껴질 그 순간을 위해, 우리는 그보다 훨씬 더 오랜 시간을 인내하고 노력하고 있지 않나. 비응항 이곳저곳을 폴짝폴짝 뛰어다니며 살펴본 후, 다시 돌아가는 버스에 몸을 실었다. 말벗이 되어주신 아저씨에게 감사의 마음을 전하고 싶어서 목캔디 몇 알을 조심스럽게 드렸더니, "아이고, 고마워요!" 하며 선뜻 받아주셨다. 나는 원래 목적지였던 일본식 가옥으로 향했다. 가옥들은 이미 대부분 철거되었고, 히로쓰 가옥만이 관광객에게 개방되고 있다는 사실을 뒤늦게 알았다. 히로쓰 가옥 폐관 시간은 오후 6시, 5시 55분에 그 집 파란대문 앞에 도착했다. 마침 딱 문을 닫고 나오던 할아버지와 마주쳤다. "아직 5분 남았는데…." 울상을 짓는 나를 위해 할아버지는 다시 대문을 열었다. 종일 그곳을 지키셨을 당신은 내게 소중한 시간을 양보해준 것이다. 감사한 마음 반, 죄송한 마음 반으로 관람을 마치고 나오는데, 대문 앞에서 기다리고 있던 할아버지는 직접 기념 사진까지 찍어주셨다.

다음 목적지를 결정하기 위해, 눈을 감고 지도를 찍어보았다. 우연이 선택한 도시는 영산강이 흐르는 나주, 단번에 남쪽으로 향했다. 알려진 관광지가 있는 곳은 아니라 시내 버스를 타고 한 시간 정도 달리면 있는 영상 테마 파크에 가보기로 했다. 마침 하교 시간인지 버스는 학생들로 가득했다. 시내를 벗어나자 곧 드넓은 나주 평야가 한없이 펼쳐졌다. 하루에 버스도 몇 대 지나다니지 않는 소읍이 나타날 때마다 학생들이 하나둘씩 내리기 시작했다. 초 단위로 버스와 지하철이 오가는 도시에 살고 있는 나는, 매일까지 정해진 시간의 버스를 타고 멀리 통학하는 학생들이 존경스럽기까지 했다. 몇 개의 도시를 거치면서 낯선 곳에서 길을 찾는 일은 더 이상 어렵지 않았다. 스마트 기기가 목적지에 이르는 최단 거리를 알려주었는데, 그래서인지 난생 처음 와보는 나주 시내 구석구석을 헤매도 두렵지 않았다. 나주 향교도, 백 년 전통의 곰탕집도 금세 찾을 수 있었다. 이렇게 모든 것이 쉬운 세상, 그런데 어른이 되는 길은 왜 이렇게 찾기 어려운 것일까? 어쩌면 지금 내가 이렇게 힘든 이유는 이 길의 끝에서 나를 기다리고 있는 것이 무엇인지 알 수 없기 때문일 것이다. 어느 노래가사처럼.

구수한 노래 속의 화개장터가 있는 하동으로 곧장 이동하기로 했다. 전라도와 경상도의 경계선을 넘어, 내리는 사람도 타는 사람도 거의 없는 하동역에 덩그러니 내려섰다. 짐을 맡기며 역무원 아저씨에게 "하동에선 뭘 보면 잘 봤다고 소문이 날까요?" 하고 물음을 던졌다. 황당한 질문에도 아저씨는 싫은 기색 하나 없이 쌍계사에서 화개장터로 이어지는 코스를 추천했다. 가는 길과 타야 할 버스까지 꼼꼼히 적힌 지도를 얻고 의기양양하게 그곳으로 향했

다. 화개장터에서 쌍계사까지 이어지는 길은 봄이면 벚꽃이 장관을 이뤄 십리 벚꽃길이라 불린다고. 계절상 흐드러진 벚꽃은 보지 못했지만, 과연 싱그러운 녹음이 우거진 풍경은 정말 환상적이었다. 너무 좋은 나머지 나도 모르게 "꺅, 아저씨 만세!" 하고 소리를 질렀다. 오후 햇살을 머금은 쌍계사는 작고 아름다운 절이었다. 산이 병풍처럼 감싸고 있는 대웅전을 한참이나 바라보다가 용기를 내서 안으로 들어섰다. 다른 사람들이 절을 하는 모습을 유심히 관찰하다가 처음으로 절을 했다. 서툴지만, 마음만큼은 누구보다 간절했다. '씩씩하게 살아갈 수 있는 용기를 주세요.' 하지만 그 용기는 이미 내 안에 있다는 사실을 알고 있었다. 이렇게 씩씩하게 여행을 하고 있으니까.

화개장터의 어느 가게 앞에서 카메라를 보고 있는데, "응, 마음대로 찍어도 돼!"라며 갑자기 누군가 말을 걸어왔다. 돌아보니 할머니가 "이것도 한 장 찍어가"라며 당신의 쪽진 머리를 가리킨다. 얼떨결에 셔터를 누르기를 몇 번, 어

느새 나는 할머니와 옆 가게 아주머니와 수다를 떨고 있었다. 이제 가야 한다는 아쉬움 짙은 말꼬리에 할머니는 "아이고, 내 새끼, 한 번 안아보자. 또 와!"라며 나를 두 번이나 꼭 안아주신다. 옆 가게 아주머니는 가면서 먹으라고 찐쌀 한 컵을 챙겨주셨다. 그들에게 나는 화개장터를 스쳐가는 수많은 관광객들 중 하나였을지 모른다. 하지만 사람에게 지치고 사람이 무서워 도망치듯 떠나온 내게, 그들은 그 어떤 아름다운 풍경보다도 큰 위로가 되었다.

즉흥적으로 다니다 보니, 동선은 뒤죽박죽이었다. 하지만 날씨가 화창해서 보성 녹차밭에 가면 좋겠다는 생각이 들었다. 어제 왔던 길을 되돌아, 결국 온통 푸른빛이 물결치는 녹차밭에 도착했다. 평화롭고 고요한 대한 1다원의 매력에 푹 빠진 나는, 조금 멀리 떨어져 있는 2다원도 둘러보고 싶었다. 2다원으로 향하는 버스에 오른 지 얼마나 지났을까, 어느새 버스 안에는 기사 아저씨와 홀로 덩그러니 남아 있었다. 기사 아저씨는 지금 들어가면 나오는 버스가 없는데 한참 전에 지나온 읍내까지 어두운 길을 혼자 걸어갈 수 있겠냐며 걱정스러운 표정을 내비쳤다. 나는 결국 2다원까지 가기를 포기하고 다시 돌아가기 위해 그늘도 없고 차도 없는 황량한 국도 위에 덜렁 내려섰다. 일단 읍내로 가기 위해 뜨겁게 달궈진 아스팔트 위를 터벅터벅 걷다 보니 삼거리가 나왔다. 지도 어플은 제대로 작동을 안 하고 도무지 길도 기억나지 않았다. 발만 동동 구르고 있는데 저 멀리서 차 한 대가 다가왔다. 나는 무작정 차를 멈춰 세웠다. 차 안에는 아저씨 한 분이 영문을 모르겠다는 듯 나를 보고 있었다. "아저씨, 저 좀 율포 해수욕장까지 태워주시면 안 돼요?" 나는 냉큼 차에 올라탔다. "요즘 젊은 사람들은 태워준다고 해도 무서워서 싫다는데, 아가씨는 참." 아저씨는 기가 막힌다는 듯 웃는다. 친절한 아저씨 덕분에 무사히, 그리고 편하게 목적지까지 올 수 있었다. 세상에는 아직 좋은 사람들이 많다. 나는 그렇게

다시 믿어볼 수 있을 것 같았다.

그동안 여행을 하면서 마지막 도시로 정해두었던 곳은 진주였다. 진주수목원에 들러 숲 한가운데서 가만히 눈을 감고 섰다. 바람결에 흔들리는 나뭇잎 소리와 어디선가 들려오는 새의 지저귐, 아마 한동안은 듣지 못할 소리들에 귀를 기울일 수 있었다. 그때 한 무리의 아주머니들이 곁을 스쳐갔다. "오늘 저녁엔 고기 구워먹을까? 김치는 내가 가져올게!" 즐거운 수다에 웃음이 났고, 갑자기 배가 고팠다. 아주머니들이 저녁거리로 점 찍은 묵은 김치와 삼겹살도 먹고 싶었다. 그리고 문득 뒤도 돌아보지 않고 떠나온 집으로 돌아가고 싶어졌다. 그렇게 진주를 품고 흐르는 남강으로 향했다. 논개의 전설을 품고 있는 이곳은 가치 있는 문화재이면서 시민들에게 활짝 열린 휴식공간으로 꾸며져 있는 촉석루가 유명했다. 시원한 바람이 드는 정자에 누워 유유히 흐르는 강을 바라보고 있자니, 신선놀음이 따로 없었다. 더 이상 그 어떤 자책도 하지 않기로 했다. 그저 이 순간을 즐기고 싶을 뿐. 어제와 내일보다 소중한 것은 오늘이니까, 후회도 앞선 걱정도 하지 않기로 마음먹었다. 역 앞 만두가게에서 마지막 여정을 위한 간식을 사려는데 무섭게 생긴 주인 아저씨가 한참 동안 말없이 나를 바라보았다. 어쩔 줄 모르는 내게 갑자기 아저씨가 밀짚모자를 가리키며 활짝 웃어 보였다. "아가씨를 보니까, 정말 여름이 온 것 같네." 나도 웃으며 대답했다. "네, 여름이에요, 이제."

여행의 끝자락, 후텁지근한 대구의 공기 속으로 성큼성큼 걸어 들어갔을 때, 마치 내가 돌아오기를 기다렸다는 듯 하늘은 참았던 비를 뿌리기 시작했다. 그렇게 긴 장마가 시작되었다. 만약 내게 약간의 용기가 더 있었다면 나는 그대로 땅끝까지 달렸을 것이다. 하지만 그럴 수 없었다. 나는 여전히 작은 일

에도 상처 받고 열등감에 휩싸이고 쉽게 방향을 잃고 어떻게 살아야 할지 몰라 좌절하는 청춘이었다. 하지만 그렇기에 나의 여정은 앞으로도 계속되는 것이었다, 언젠가는 끝까지 가기 위해. 이번 여행을 통해 길 위에서 만난 수많은 사람들은 묵묵히 자신의 삶을 걸어가고 있었다. 평생 화개장터를 삶의 터전으로 살아가는 할머니, 하루 종일 버스를 운전하는 기사 아저씨들, 조상 대대로 내려온 전통의 맛에 자부심을 가진 나주 곰탕집 주인, 하루에 몇 대밖에 없는 버스를 타고 먼 곳의 학교를 다니는 학생들, 하루 종일 유적지를 지키는 히로쓰 가옥의 할아버지. 결코 화려하고 거창한 것은 아닐지라도 분명히 그들에게는 하나뿐인 소중한 삶이었다. 나의 삶 역시 하나뿐인 소중한 것임을 배웠다. '나는 살아있을 가치가 충분하다!' 이 여행을 통해 찾은 해답이었다.

코레일 내일로

코레일 내일로 티켓은 만 26세까지만 구매할 수 있다. 하지만 다소니 등 성인을 위한 다양한 상품이 추가되었으니 상황에 맞게 구매하면 된다. 내일로 발권 시 해당 역에서 제공하는 내일로 플러스 혜택을 이용하면 각종 관광지 입장료 할인 및 무료 숙박도 가능하다.

여행지에 대한 정보가 부족할 땐 역무원에게 도움을 청해보자. 대부분 관광 여행 지도를 구비하고 있으며, 친절한 설명은 보너스다. 무거운 짐은 역에 맡기거나 가까운 지구대, 편의점 등에서도 맡아준다. 만약 시내 이동 시 버스를 탄다면, 운전석 대각선 제일 앞자리에 앉을 것을 추천한다. 내릴 곳을 확인하기에 용이하고, 기사에게 길을 묻는 것도 편하며, 앞 유리창을 통해 근사한 풍경을 감상할 수도 있다.

1판 2쇄 발행 2015년 03월 18일

지은이 송혜림 백종훈 조일연 전진우 양혜인 이소진 이향안 장인경 김은정
오혜진 김은지 이민규 현소연 오유경 장지웅 박경원 김송이 한수희 오하은 김아연

펴낸이 송원준
편집인 김이경
책임편집 오혜진
디자인 김다현
마케팅 전하나

펴낸곳 (주)어라운드
출판등록 제 2014-000186호
주소 121-904 서울시 마포구 월드컵북로 375 1001호
문의 02-6404-5030
팩스 02-6280-5031
전자우편 book@a-round.kr
ISBN 979-11-953910-2-8